上海大学上海美术学院高水平建设经费支持项目

艺术：钢铁之都的蝶变

——上海吴淞国际艺术城·工业遗存转型、更新与发展国际论坛文集

Urban Transformation Through Art

Shanghai International Art City (SIAC)
International Forum on Transformation, Regeneration
and Development of Industrial Remains

陈志刚　主编

上海大学出版社
·上海·

总 策 划　汪大伟　金江波
学术主持　李龙雨
主　　编　陈志刚
装帧设计　林智銎　李　璠　陶　孟
　　　　　李　琛　徐江枫　李　薇
编　　辑　王黎音　林智銎　马瑜珩　戎　筱
　　　　　李峰清　金影村　姜　岑

致 辞

  城市产业转型升级是新时期的国家发展战略，探索吴淞工业区如何实现整体转型成为一个新的课题。在上海2035建成全球卓越城市目标的引领下，上海大学上海美术学院联合宝武集团共同合作，以艺术教育创新合作为契机，共同建设上海吴淞国际艺术城，探索学校与政府、企业合作，为城市更新、转型发展打造可复制的"融合—共享—共赢"新范式。

  "艺术：钢铁之都的蝶变"——上海吴淞国际艺术城·工业遗存转型、更新与发展国际论坛，希冀汇聚来自国内外艺术、教育、产业、经济等领域专家学者的经验与智慧，共同探讨艺术教育介入产业转型的"中国方案"。

上海美术学院院长 冯 远
2018年5月

目 录

001 汪大伟
　　无疆无界，无限可能——22世纪的上海美术学院

009 第一部分　论坛

011 复兴，工业遗存的再生

012 弗朗西丝·莫里斯
　　注力艺术：建造一个21世纪的博物馆

026 斯蒂芬·休斯
　　用艺术复兴城市钢铁丛林

034 伍江
　　工业遗产保护与活化——以上海为例

044 吴家莹
　　运河24——重构纽约运河系统

053 讨论环节一

061 产业，艺术与观众的桥梁

062 让·德·卢瓦西
　　提出问题、解决矛盾是艺术的生命力所在

074 乌特·梅塔·鲍尔
　　比钢铁更强

084 丹尼尔·莫凯
　　新世界的需求

090 李超
　　艺术资源、艺术资产和艺术资本的三次转化

099	**讨论环节二**
111	**过剩，时代给予的机会**
112	迈克尔·巴斯卡尔
	谈话：在过剩的世界策展
120	阿宾纳·波夏南达
	物质充裕及超世俗时代的艺术
128	杭间
	边城：非主流文化生产的过剩？
136	夸特莫克·梅迪纳
	失业的中产阶级：关于金钱时代的艺术笔记
143	**讨论环节三**
153	**审美，城市的美学追求**
154	伊娃·弗兰奇·伊·吉拉伯特
	标新立异：全球力量时代的艺术、建筑和设计
164	安德鲁·布华顿
	空间并不包含能量：能量创造空间｜在后工业遗产中生活
170	瑞亚斯·柯姆
	作为社会行动的双年展
178	伊塔洛·罗塔
	超特大型——少数中的多数，极致的美
185	**讨论环节四**
192	**总结**

197　第二部分　规划愿景

　198　无界之城
　　　　中国·上海·吴淞

　226　业态之无界
　　　　艺术鉴赏、艺术金融、艺术疗养、艺术地产、艺术交易、艺术旅游

　230　网络之无界
　　　　上海美术学院·国际艺术教育联盟协同体

　234　联动之无界
　　　　街区、社区、校区

　236　交通之无界
　　　　共享交通、轨道交通、汽车交通

253　第三部分　方案展示

　254　面向22世纪的美术学院
　　　　——上海吴淞国际艺术城·上海美术学院宝武院区
　　　　国际概念设计竞赛方案展示

　256　FEILDEN CLEGG BRADLEY STUDIOS　设计方案
　268　北京市建筑设计研究院有限公司　设计方案
　280　上海博邸建筑室内设计有限公司　设计方案
　292　上海天华建筑设计有限公司　设计方案
　304　上海梦启建筑装饰工程有限公司　设计方案
　316　上海一砼建筑规划设计有限公司　设计方案

328　上海吴淞国际艺术城　大事记

无疆无界，无限可能——22 世纪的上海美术学院

汪大伟

摘要：《上海市城市总体规划（2017—2035 年）》中将吴淞工业地区规划成上海的城市副中心。上海市政府希望把上海美术学院引进该地块，助力产业转型与文化创意产业发展，带动城市副中心的建设。上海美术学院提出了"无界之城：想你未想，见你未见，做你未做"的建设方向，从美术学院与国际艺术城的关系，未来新美术学院的教育方式，艺术城居民的生活方式的角度，构建了一个全新概念艺术城与美术学院。

关键词：无界之城；吴淞；美术学院；艺术城

Abstract: In *Shanghai Master Plan 2017-2035*, the Wusong industrial zone is planned as a sub-center of Shanghai. The Shanghai Municipal Government hopes to introduce the Shanghai Academy of Fine Arts into this zone to help the industrial transformation and the development of cultural and creative industry, and promote the construction of the city's sub-center. Shanghai Academy of Fine Arts puts forward the construction direction of "Borderless City: think what you have not thought, see what you have not seen, and do what you have not done", and advocates to construct an art city and academy of fine arts with brand-new concepts from perspectives of the relationship between the Academy of Fine Arts and the international art city, the future education mode of the new Academy of Fine Arts and the life style of residents of the art city.

Keywords: borderless city; Wusong; Academy of Fine Arts; art city

2016年上海大学与中国宝武钢铁集团有限公司（以下简称宝武集团）签订了共建上海美术学院的战略合作协议，规划在占地230亩的不锈钢厂区地块中引入上海美术学院，以艺术教育助推城市工业遗存地区转型，希冀其成为引领城市产业转型的创意产业示范区。

超时空的规划与畅想

上海作为中国改革开放的重要城市，始终走在改革试验与创新探索的最前沿。这座城市，既海纳百川又锐意创新，被冠以"魔都"之名。但在新一轮的城市建设与发展中，上海的物理空间却受到了极大的限制。如何在有限的空间、资源以及生态条件下打造和提升城市软实力？这是我们需要严肃认真思考的问题。

在新时代发展阶段，我们与国际都处于同一起跑线上。在这样一个飞速发展的信息化时代，全球都面临着生产、生活等各个方面转型带来的巨大挑战。因此，我们更需要反思人类文明的发展历程，反思人们的生产和生活方式，以及重新思考我们的教育与文化发展，找出应对之策。而去产能与产业转型的发展战略，给予我们极好的机遇。

宝武集团不锈钢厂的前身是上海钢铁一厂，是1949年新中国成立后，在一家小型制铁厂的基础上发展而来的，也是上海第一家钢铁厂。1958年改造后，发展成为当时中国最大的钢铁厂。改革开放以后，又在原有基础上引进德国、日本技术建成了不锈钢厂，是宝武集团下属的钢铁企业。现有的厂区就是在20世纪80年代兴建起来的。《上海市城市总体规划（2017—2035年）》中将吴淞工业地区规划成上海的城市副中心，一个面向未来发展的新城将在这里出现。上海市政府希望把上海美术学院引进该地块，助力产业转型与文化创意产业发展，带动城市副中心的建设。

上海美术学院对该地块的建设规划是，将这里打造成一个聚集艺术资源的艺术家居住区——吴淞国际艺术城，并在2017年5月成立上海吴淞国际艺术城发展研究院，推动艺术城的规划与建设。

上海美术学院提出了"无界之城：想你未想，见你未见，做你未做"的建设口号。从纵向时间轴上，回到历史的原点，探寻从农业文明到工业文明再到信息文明的核心元素——创造。从横向来看，人类由单一到多元的身份变化也为"无界之城"带来了解决的方案：以终身教育、多重角色、艺术为媒为主线，创造3—90岁全生命全周期的教育方式，"五位一体"（学习者、创造者、生产者、创造者、消费者）多重角色的生活方式，传统艺术、艺术金融、艺术旅游、艺术地产、艺术疗养等丰富的艺术业态……除此之外，上海吴淞国际艺术城还将建构一个国际交流平台，联合 30 多所国际知名艺术院校成立国际艺术教育联盟协同体，为国际艺术教育提供一个形成无疆无界，创造无限可能的美好世界，联动社区、街区、校区，创造无界的社会结构，依据智慧城市建设，实现交通之无界。

上海美术学院将成为带动艺术城建设的一个"引爆点"，以一种全新生活方式引领未来城市副中心的建设发展。所以，我们引爆的能量是关键所在，引爆的是"TNT 炸药"还是"核原子"，其能量决定了今后它改变整个地区的方式和影响力。当然我们肯定选择引爆"核原子"，因为它有更大的能量来推动整个地区的发展。这种能量来自以先进思想和文化引领人们激发无限创造力，借助高科技的力量实现对美好生活追求的无限可能，上海美术学院就是为创造美好生活提供无限可能的平台。

2018 年 5 月 11 日至 12 日，为对接上海 2035 城市副中心建设、吴淞工业区转型发展的规划需求，研究工业遗存转型战略和新型综合艺术城发展策略，举办了由国际工业遗产保护协会（TICCIH）、中国工业遗产联盟、上海大学上海美术学院、宝武集团主办，上海国际艺术城发展研究院、上海宝钢不锈钢有限公司承办的"艺术：钢铁之都的蝶变"——上海吴淞国际艺术城·工业遗存转型、更新与发展国际论坛。活动的学术主持李龙雨教授策划了"复兴，工业遗存的价值再生""产业，艺术与观众的桥梁""过剩，时代给予的机会""审美，城市的美学追求"四个专题，来探讨艺术在工业遗产的再生与城市更新发展中的方式和作用。

中国工业遗产联盟理事长韩强，中国文联副主席、中国民间文艺家协会主席潘鲁生，国际工业遗产保护协会秘书长斯蒂芬·休斯（Stephen Hughes），米兰新美术学院和多莫斯设计学院学术总监伊塔洛·罗塔（Italo Rota），泰特现代美术馆馆长弗朗西丝·莫里斯（Frances Morris），同济大学常务副校长伍江，巴黎东京宫馆长让·德·卢瓦西（Jean de Loisy），普利茅斯艺术学院院长安德鲁·布华顿（Andrew Brewerton），中国美术学院副院长杭间，新加坡南洋理工大学当代艺术中心创始馆长乌特·梅塔·鲍尔（Ute Meta Bauer），广州美术学院学术委员会主席赵健，上海产业转型发展研究院首席研究员夏雨，OCAT 西安馆创始馆长凯伦·史密斯（Karen Smith），2018 曼谷艺术双年展首席执行及艺术总监阿宾纳·波夏南达（Apinan Poshyananda），2018 上海双年展主策展人夸特莫克·梅迪纳（Cuauhtemoc

Medina），清华大学美术学院副院长苏丹，艺术建筑临街屋中心首席策展人伊娃·弗兰奇·伊·吉尔伯特（Eva Franch i Gilabert），印度科钦－穆吉里斯双年展项目总监瑞亚斯·柯姆（Riyas Komu），上海市规划和国土资源管理局风貌管理处处长戴明，上海城市公共空间设计促进中心主任徐妍，作家、数字出版人迈克尔·巴斯卡尔（Michael Bhaskar），伊夫·克莱因档案协调人丹尼尔·莫凯（Daniel Moquay），中国工业遗产联盟秘书长周岚，建筑师吴家莹，上海美术学院院长助理李超，上海美术学院教授刘勇参加了该论坛的研讨，分享了国内外的成功案例，分析了经验与遇到的问题，探讨了国际艺术城在产业转型、城市更新、艺术产业发展等方面的可能性与可行性。其中伊塔洛·罗塔在考察不锈钢厂以后称其为"外太空飞地"，他在论坛上提出将建成的上海美术学院是一个22世纪的美术学院，而这所面向未来的美术学院应建在这块"飞地"之上。

美术学院与国际艺术城

在大家想象中，艺术城可能就是一个汇集了画廊、博物馆、美术馆的艺术资源集聚区。但是我们的规划希望超越这种想象，提出了一个全新概念艺术城。

首先，艺术城不仅是艺术资源聚集区，更是艺术家的居住区，美术学院的师生是未来艺术城落户的第一批原住民，他们的入住将带来三个朋友圈，第一个朋友圈是全世界的艺术家。艺术家入住以后带来的是艺术的爱好者、艺术家的粉丝、艺术收藏者。这样一群人所引发的名人效应将会带来第二个朋友圈：艺术中介的经纪人。随着这样人群的介入，艺术城将被打造成艺术品交易中心。第三个朋友圈，包括为艺术服务的艺术旅游、艺术拍卖、艺术金融、艺术地产、展览展会等一系列机构。以上三个朋友圈构成了一个艺术生产的生态链，循环往复，由小变大，由弱变强。艺术家扮演的是该链条的发动机角色，所以如何吸引优秀艺术家长期入住成为可持续的关键。

美术学院的艺术教育聚集的就是艺术家，培养的又是未来的艺术家，是不同年龄艺术家的集聚。伴随着这种集聚将形成艺术城的生态圈以及文化创意产业的新业态。当然艺术教育和艺术住民的需求是带动现代服务业、物联网业、研发设计业、新能源产业、云计算产业以及信息服务业等相关产业联动的原动力。因此，艺术教育是文化创意产业的发动机。为了构建这样一个全新的概念，艺术城发展研究院围绕未来艺术城的城市形态、产业业态、科技应用、社会治理、可持续发展等方面开展了五大专题近30个课题研究，为国际艺术城的规划设计提供了有力支撑，也为我们构建一个拥有全新生活方式、全新概念的艺术城提供了可能。规划中的国际艺术城犹如一张白纸，所有人类想象力与高新科技将在这里描绘出最新最美的画。

上海正在努力打造成为一个全球的卓越城市，而这个卓越城市的发力点就是2035年的吴淞城市副中心。上海美术学院、吴淞国际艺术城将成为这个副中心发展的最大驱动力。

未来的上海美术学院还将构建一个环太平洋的艺术教育资源协同体，吸纳世界一流艺术院校的实验中心入驻，汇聚世界最先端的当代艺术，形成引领艺术潮流的策源地。建立三大博物馆：现代艺术文献博物馆、工业遗存博物馆、国际非遗博物馆，形成艺术人文研究基地。成立四大中心：图文信息中心（图书馆、美术馆）、国际艺术家驻地交流中心、艺术经济与金融研究中心、产业服务中心，服务于国际艺术城。美术学院与一个协同体、三个博物馆、四个中心构成了一套完整的艺术教育、科学研究、社会服务运作体系，为国际艺术城的可持续发展提供人才资源和智力支撑。

全新的生活方式

人们总是向往更美好的生活，当代的信息化技术发展，使资源精细化配置成为可能，人工智能解放劳动力也成为趋势，物质层面的愿望越来越容易实现，但是，人们将不再满足于追求物质文明的享受，人创造力挑战的对象也可能不再是自然，而是人类自己的想象力。所以，创造力是人的生存价值体现，将成为人类生存的第一需求。当然，这样的改变只有在信息技术发展到一定程度才会发生。工业技术带给人们的是社会分工，人们在各自分工的领域扮演不同角色，从而形成了一种社会结构，组成了现在的城市，而这个城市所有的弊端和诟病都来源于这样一种结构。贫富不均、交通拥堵、环境污染等一系列城市问题都与这种社会架构关系有关。未来的国际艺术城，将打破这种社会构架，以理想化的、无明确分工概念的社会架构，实现人人平等，以满足生存需求和个人价值的实现来形成社会关系。生活在艺术城的人，他们既是学习者、创造者、生产者又是消费者、传播者，一个人可以扮演五重角色。每一个人为了实现自己的创造，他要去学习，他通过学习获得技能、技法、技巧能够呈现他的创造价值，在这个过程中他就成了创造者。创造者的作品完成后，如果再复制第二个、第三个,那时他就变成了生产者。而当觉得别人的东西是"我"缺少并所需的时候,"我"就成了消费者。消费了以后,觉得这个东西非常好介绍给周围的人,这时他又成了一个传播者的角色。在这样的循环当中最大的一个变化:他不仅再是承担某一个社会角色,而是为了扮演好这个角色,要再去学习。他在这里可以随心所欲,自己想做什么就能够去做什么。他可以有自己相对独立的个人空间,也不要上班,更不必为上下班奔忙在拥挤的交通线上,可以精心致力于自己的创造,把创造的物品展示出来,如果我看中了他创造的物品,便可用以物换物的方式获得。那时候以物换物的方式不再是以钱作为衡量价值的中介,也不是作为物质价值来衡量创造价值的高低,而是以我喜欢为前提。我看中他的一块木头,我手上可能是一颗钻石,因为我喜欢他的木头,他喜欢我的钻石,我愿意拿钻石去换他的木头,双方因为喜欢而成交,构建出一种全新的价值观和价值交换方式。在这样的价值观和价值交换体系上构建起来的生活方式又该是什么样的呢?如此构建出全新的价值观和价值交换方式,形成全新的生活方式,将给我们带来根本性的改变。

全新的教育方式

未来的国际艺术城是理想化的生活之城,美术学院在构架一个外太空式随心所欲的全新的生活方式中将起到什么作用?我们把未来的美术学院定位为 22 世纪的美术学院,它将突破传统的教育理念,对人的全生命周期创造力进行培养和教育。我们提出一个从 3—90 岁全生命周期的创造力培养理念,3 岁的孩子也想创造,90 岁的老人尽管各方机能弱化了,但是他每天还思考着创造,因为在未来,创造是人存在价值的追求。我们的主要任务和发挥的作用,就是要为人们的创造提供各种可能。

美术学院不仅是传授知识的课堂,而且是为 3—90 岁各年龄段创作者提供各类硬、软件条件,实现创造可能的梦工厂。根据现在的规划,国际艺术城 3.25 平方公里将引入 15 万人口。按照对美术学院的定义,这个城导入的 15 万人口应该全是美术学院的学生,美术学院就是艺术城,艺术城有多大美术学院就多大。国际艺术城和未来的美术学院融成一体,"实现人类创造价值、提供无限可能"成为 22 世纪美术学院的办学理念。在这个理念下构架起来的教学体系也将为艺术城打造一种全新的生活方式,为引领世界文化潮流奠定扎实的基础,为推广传播提供可靠的方法、路径。而这种全新的生活方式也会反过来对美术教育提出新的要求,以并可据此调整和促进美术教育的内容和方向。生活在这里的人，将实现终身创造、终身学习、终身快乐的人生境界。所以我们提出人类生命全周期"创造力"教育，也涵盖了现在的幼儿园、小学、中学、大学、硕士、博士以及继续教育。这就是我们对未来美术学院教育的定位。

万里之行始于足下

立足大地，面向浩瀚宇宙太空，放纵思绪遨游，天地之间为人类的想象力、创造力提供了无限空间。未来的世界不仅仅是人对自然的挑战，更将是人的创造力和想象力的挑战，是人与自己的挑战。宝武不锈钢厂为未来艺术城、美术学院的建设提供了 3.25 平方公里物理空间，但是未来的生活方式、教育方式的建立要突破传统观念的束缚与现行的政策法规的限制，探索科学技术应用的可能性。面对社会分工收入不均，如何做到真正的按需分配；面对追名逐利的世界，如何做到提倡以实现人存在价值为导向的社会风尚；面对按社会行业需求培养专业人才的被动式教育模式，如何开辟真正以满足人的意愿为目标的自主学习、自主发展、自由成才的道路，改变这一切的关键在于如何用人的智慧和毅力驾驭想象力、创造力，实现理想之国。

把吴淞国际艺术城打造成想你未想，见你未见，做你未做的"外太空飞地"。

第一部分 论坛

复兴，工业遗存的再生
Rejuvenation，the Regeneration of Industrial Remains

　　工业遗存是城市发展的见证与印记，在新的时代背景和发展要求下，工业遗存如何转型发展，重焕活力，这不仅是一个企业的问题，更关乎产业的出路、城市的规划。

弗朗西丝·莫里斯在泰特美术馆的发展中担当了重要角色。1987年，她以策展人身份加入泰特，后任泰特现代美术馆展览部总监（2000—2006年），担任国际艺术收藏部总监至2016年4月，之后出任泰特美术馆馆长。她长期以来致力于对泰特藏品的重新构想，并通过各种方式拓展其国际联结及对女性艺术家的展示。2000年弗朗西丝参与负责泰特现代美术馆开幕收藏展的首次展示陈述，根本地改变了美术馆呈现现代艺术故事的方式。她曾策划过许多里程碑式的展览，包括三大女艺术家的回顾展，如2007年路易丝·布尔乔亚展、2012年草间弥生展、2015年艾格尼·马丁展，最近策划的展览有2017年的贾科梅蒂展。

她早年的策展实践包括1993年的"战后巴黎：艺术和存在主义"，1995年与斯图尔特·摩根合作策划的"过渡仪式"。她专长于战后欧洲和当代国际艺术，曾发表各类主题文章，策展过诸多英国和世界当代艺术家的展览。

弗朗西丝拥有剑桥大学艺术史学士学位和伦敦考陶尔德艺术学院艺术史硕士学位。她是爱丁堡水果市场画廊董事会成员、国际现当代美术馆协会董事会成员和塞拉维斯当代艺术博物馆咨询委员会成员。

弗朗西丝·莫里斯

Frances Morris has played a key role in the development of Tate, joining as a curator in 1987, becoming Head of Displays at Tate Modern (2000-2006) and then Director of Collection, International Art until April 2016 when she was appointed as Director, Tate Modern. She has continually worked to re-imagine Tate's collection and has been instrumental in developing its international reach and its representation of women artists. Frances was jointly responsible for the initial presentation of the opening collection displays at Tate Modern in 2000, which radically transformed the way museums present the story of modern art. She has curated landmark exhibitions, many of which were large-scale international collaborations, including three major retrospectives of women artists including Louise Bourgeois in 2007, Yayoi Kusama in 2012 and Agnes Martin in 2015. Frances Morris most recently curated Giacometti in 2017.

Earlier in her career Frances Morris curated Paris Post War: Art and Existentialism in 1993 and in 1995 she worked with Stuart Morgan on the exhibition Rites of Passage. Specialising in post-war European and contemporary international art, she has published widely on the subject and has also curated projects with many contemporary artists from Britain and abroad.

Frances holds a BA in History of Art from Cambridge University and an MA in History of Art from the Courtauld Institute of Art, London. She is a Board member at Fruitmarket Gallery, Edinburgh, a Board member of CIMAM and a member of the Advisory Committee of the Serralves Museum of Contemporary Art, Porto.

注力艺术：建造一个 21 世纪的博物馆

Power into Art: Building a Museum for the 21st Century

弗朗西丝·莫里斯　　Frances Morris

摘要： 本文通过回顾泰特现代美术馆两期开发的经历，探讨了博物馆建筑、展陈、外部空间营造的理念、手段和目的。博物馆建筑应该超越展陈空间，成为城市公共空间。展陈也应该超越展示，增强互动和参与，并在文化复兴的过程中重新定义博物馆。

关键词： 泰特现代美术馆；博物馆建筑；公共空间；工业遗存

Abstract: By retrospecting the experience of the two phases of the development of Tate Modern, this paper discusses the concept, means and purpose of the museum architecture, exhibition and external space construction. Museum buildings should go beyond exhibition space and become urban public space. Exhibitions should also go beyond display and enhance interaction and participation. It proposes that museums should be redefined in the process of cultural revival.

Keywords: Tate Modern; museum architecture; public space; industrial remains

艺术：钢铁之都的蝶变　Urban Transformation Through Art

今天我们似乎已经开始了对22世纪的博物馆和美术馆的探讨，而我认为自己是20世纪的人，我之前所从事的事业是建设一个21世纪的美术馆——泰特现代美术馆。在此希望通过泰特现代美术馆的案例，来思考中国需要建造一个什么样的建筑。因此，这篇文章旨在讨论一栋大楼，它有一些砖瓦，当然不仅仅只有一些砖瓦，它还有它的历史和观众。

泰特现代美术馆2000年开幕，英国女王虽然并不以热爱艺术著称，但仍然亲自出席了开幕式（图1）。第一年参观者人数达500万人次，远远超过原先计划的200万人次。泰特现在的名字是大不列颠泰特博物馆。泰特现代美术馆的主要任务是收集、分类和展示美术品。与此同时，泰特现代美术馆也在保存之前的一些建筑，展现这些建筑的功能。博物馆非常重要的任务是收藏，泰特现代美术馆则是代表人民进行艺术收藏，因为泰特现在主要的资金来自政府，泰特现代美术馆的收藏（包括来自1500年到现在的一些现代艺术品）主要都是国家收藏。

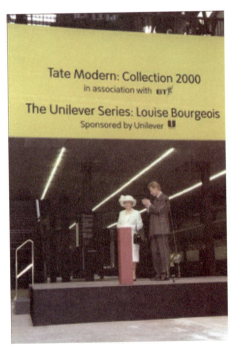
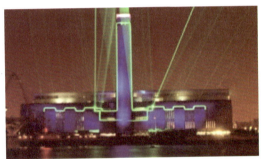

/ 图1　2000年泰特现代美术馆开幕式

泰特现代美术馆并不是一个全新博物馆，它实际上指之前提到的泰特美术馆、在海边另外建造的泰特现代美术馆、利物浦的泰特现代美术馆以及最新的泰特现代美术馆这四个博物馆（图2）。我们要把国家收藏真正和全民分享，所以需要遍布全英国。在英国，我们还通过我们的泰特现代美术馆网络和34家机构分享泰特的收藏。除此之外，我们还希望捕捉到艺术家的变化和历史的变化。

/图2 四座泰特现代美术馆

20世纪80年代加入泰特现代美术馆工作以来，我最初的工作是策展。泰特现代美术馆最初主要收藏西欧艺术作品，尤其是画作，之后开始收藏当代作品。现在收藏的展品范围大大扩展，目前不仅涵盖英国、西欧的艺术，而且涵盖全球的艺术和各种艺术类别。泰特现代美术馆的收藏品是逐步增加的、渐进的，其目的是要反映出上述提到的一切变化。在所有变化当中，首先要锚定当下，然后在英国甚至在全世界反映出来。

从某种程度上看，我们既是一个"反应堆"，也是一个"催化剂"。20世纪80年代，很多年轻艺术家开始了全新的创作旅程。90年代初，我们准备扩建在伦敦的艺术基地，以获取更大的空间，因为我们的艺术品收藏增长迅猛，其中还包括不少大型装置作品。我们主动去寻找可能的工业建筑作为未来新的展馆，后来这座建筑主动找到了我们。它原本是一座发电厂，在20世纪70年代曾发挥了巨大的作用，停用后仍然是伦敦最显眼的建筑。当时，工业遗产和文化重塑尚未联系起来，博物馆才刚刚开始关注工业遗存建筑。当时的主要目标是一些现代和后现代的建筑，问题在于很难在伦敦中心地区找到大体量的空间，而这座建筑高99米，长200米，宽75米，用地达7英亩（图3）。由于泰晤士河南部是底层人民的聚居区，这里房屋破旧，工业区集聚。可以说，无论是住房还是建筑，当时这片区域都不太高档，而且交通设施不完备，连接不便。但是，我们认为要和世界各地艺术家合作，需要向他们展示他们的艺术作品，包括当代艺术作品，能得到展示建筑最好的支持。

艺术：钢铁之都的蝶变　　Urban Transformation Through Art

/ 图 3　Bankside 发电站，1995 年

　　起初大家都喜欢老式的古典风格的建筑，这也是我们的初衷。同时希望寻找一个可以合作的建筑师，而不是一个完整的解决方案。希望建筑师可以考虑三个方面：第一，这座建筑如何能为伦敦城市环境做出贡献，不仅是为艺术家提供展示艺术作品的场所，而且能成为市民共享的空间。第二，这座建筑在实现画廊、美术馆的功能之外，需要体现博物馆的公众功能，成为一个公共空间。第三，美术馆如何能够很好地使用自然光。当时，人们尚未开始关注气候变化和节能问题，但是我们已经开始将可持续发展问题纳入考虑，希望可以更多使用自然光，这也显示出历代艺术家都具备的"以光为友"的理念。

　　然而，这一点"执念"也给我们带来了很多问题。虽然来自世界各地的很多建筑师都参与了竞标。奇普菲尔德的方案把建筑的烟囱完全去除，也因此被我们放弃（图 4）。安藤忠雄的方案试图在发电站前面增建巨大的玻璃盒子（图 5）。还有两名来自瑞士的建筑师——赫尔佐格和德梅隆，他们的设计方案吸引人之处就在于他们希望能尽可能地保留原有建筑，让它充分地展示在公众面前，充分地通过现有窗户来使用自然光。泰特作为一个有数百名工作人员的大机构，希望能够和这些建筑师合作，让他们和我们的策展人合作，共同提出一些好的方案来改变这座建筑。因此，泰特现代美术馆更多地采用钢铁框架，颇具工业化之风，但它也有极具装饰性的砖结构。泰特的屋顶有很多方向的自然光，在河边还有从天花板贯穿至地面的垂直的玻璃窗，当时大楼南部还有一些电力发电设施，能为博物馆提供部分电力。

　　方案主要围绕主楼展开，南楼多年之后才进行重新开发。两位建筑师最初的设想是让建筑朝向河流，连接两岸，从而让建筑与城市相连接。公共功能和美术馆巧

/ 图 4　大卫·奇普菲尔德的竞标方案

/ 图 5　安藤忠雄的竞标方案

妙地结合，光梁从底楼到顶楼贯穿了整个大厅，能够让更多的光透进来，照亮整个博物馆，更好地营造公共空间，让大家看到河景。主楼背面原为锅炉房，有大量管道以及工业装置，我们拆除了很多装置把它改造为大的公共空间。赫尔佐格和德梅隆提供的方案是将锅炉房改造成非常经典的艺术展示空间，能够很好地引入自然光，将原始的工业味道和精致的艺术展览相结合（图6）。这个方案既有优秀的建筑构想，也有杰出的展览构想。

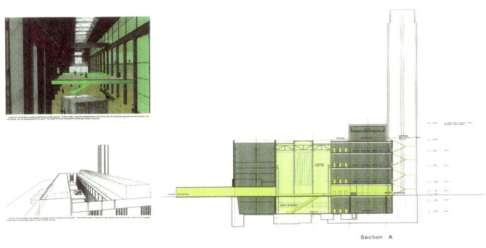

/ 图6　赫尔佐格和德梅隆的竞标方案

除了建筑本身，展览内容也是实现工业遗存的转化和复兴的重要手段。泰特扩建最主要的推动力就是要解决如何利用永久收藏这一问题。在21世纪之初，我们提出的解决方案是：在讲述艺术历史之外，我们要创造一个可以展现不同现代性的环境，融入不同角度，并将历史和现代相结合。

泰特所有的展厅当中都有从20世纪一直到现在的展品，这在今日当然已经相当普遍，但在当时却争议颇多。在不断探讨如何重塑展览、如何能够将过去和现在相结合的过程中，我们采取了一系列手段。如：利用不同地形进行展示；设计了沉浸式的房间帮助参观者关注单一艺术家的展览，让观众和艺术家有更多机会开展私密的交流；在不同的地方，将不同的主题、不同的艺术家在不同时期的艺术作品进行展示；将两个不同时代的作品并列展出，促进观众思考。泰特现代美术馆近来对美术馆进行了重新定位，希望能更好地为公众服务。无论是研究人员还是普通观众，我们不仅要讲述故事，提供自己的答案，还要提出问题。

涡旋厅几乎是美术馆必经的地方，既是很多作品展示之地，也是一个非常重要的公共空间。我们乐于让它发挥很多公共空间的作用，像街道一样，迎接进入博物馆的观众。虽然看上去很像一个工业机构，作为一个两层的建筑，它可以将实际的街道与虚构的街道相融合。2000年5月份的开幕典礼吸引了很多观众，但也遭到了很多批评。批评家质疑说艺术馆看上去如同一个大型购物商场。但是从第一天展览

开始，我们就希望它能成为一个平台或通道，让人们开展丰富多彩的项目和活动，留下很多项目的记忆。（图7）

/ 图7　2000年5月在涡旋厅举办的开幕典礼

2003年举办的埃利亚松"天气计划"展览吸引了数以百万计的观众（图8）。这个展览项目激发了观众们的主人翁精神，人们或躺在地上，或者做别的活动，度过一整天的时间，整个展览空间变成了公共空间。特别让人高兴的是，当我们把这个公共空间的所有权交给公众之后，公众真的发挥了主人翁精神。这里也变成了一个人们经常前来的象征之地（图9）。与之类似，在2007年的生存工资抗议中，人们排了长队，仿佛地板上的一条大裂缝。

/ 图8 2003年"天气计划"展览

/ 图9 2007年生存工资抗议

除此之外，美术馆之外的空间也至关重要，因为除了建筑本身，还需要有其他的因素吸引观众。建设伊始，我们就是一个规模很大的机构，所在的周边地区没有很多的工业开发，因此我们需要解决：如何在21世纪初讲好工业的故事，满足当地社区和旅游者的需求？如何寻找平衡？如何与其他文化机构合作？文化是否变成了优秀的商业，或者说商业能否转化为优秀的文化？如何利用各种创意力量来推动城市的发展？在这些问题面前，我们决定：不要去解释公众艺术，而要做负责任的、能够响应大众需求的艺术。

我们在项目初期就开始与艺术家合作：请一些年长的志愿者在泰晤士河上做一些志愿项目，同时举办公开展览，请很多艺术家来共同创作、展示作品（图10），建立一个水果市场以加强友谊；同时注重本地文化，如社区公园（图11）、每周的电影俱乐部活动（图12）等与周边社区形成良好的互动，打造社区归属感。

2016年，在建造泰特现代美术馆二期时，我被任命为泰特现代美术馆馆长。我

/图10 泰晤士挖掘项目

/图11 社区公园

/图12 电影俱乐部

们邀请了500名歌唱家进行演出。这是专业艺术人员和业余人员的合作，不同年龄的人们共同参与，创造多元化的环境。（图13）

泰特现代美术馆二期建设，是以2000年建造时无法包括进来的一个工业遗存建

/ 图 13　2016 年泰特现代美术馆的合唱

筑为基础。它是主楼南侧的大油罐（图 14）。当时策划团队都认为它很有潜力打造成为一个现场演出场地，因为它能实现一种在场性以及很多艺术家特别需要的一种感觉。因此，他们也一直恳请我们对其进行改造。

/ 图 14　2009 年改造前油罐内部

二期的改造，我们仍然选择了赫尔佐格和德梅隆，让他们以这些油罐为基础打造新的建筑。他们的设计相当激进，采用大胆的建筑语言对原有建筑进行表现，并和现有的主楼相连，作为一个补充（图15）在建筑下部建造了非常有力的结构，上面有一圈砖层（图16）。2000—2016年，艺术馆周围有了蓬勃发展，建造了很多饭店以及其他建筑，周边环境密度也大大提高。

/ 图15　泰特当代艺术馆一期和二期鸟瞰，2016年

/ 图16　泰特当代艺术馆二期地下一层

这牵涉到建设之初的一个愿望，原计划在北部建造一个城市公园，让伦敦在城市心脏地区有让人们呼吸的空间。因此，美术馆展示空间设计为非常现代的白色空间，完全不受原来建筑的束缚，成为一个开放的空间（图17）。但与此同时，地下部分则保留了工业遗产的风格，现在每年都会有现场艺术表演（图18）。作为策展人，我们希望能够一直观察艺术家和观众是如何响应、如何参与的。泰特现代美术馆二期就是希望能够融合各个时期的艺术作品。从20世纪60年代开始，西方艺术界变得更为活跃，来自世界各地的艺术家们不但进行跨界，而且把画从墙上摘下，让作品走到民众当中，让人们在艺术品周围徜徉，让艺术品激活它所在的空间。

/ 图17　泰特当代艺术馆二期画廊空间

/ 图18　泰特当代艺术馆二期地下空间现场艺术表演

从当时到现在，发展过程是比较直截了当的——目的就是增加观众参与度。无论是舞蹈、视频音像，还是别的方式，都是用来让观众和艺术品互动，而不是仅仅充当欣赏艺术品的旁观者。这就是所谓"活的艺术"，它可以放到建筑当中，而这

一理念也是整个美术馆建设的基础理念。

泰特美术馆专门开辟了一个交流场所——泰特交流中心（TATE Exchange）（图19）。它可以让我们更加面向公众，并且与其他机构展开交流。一方面，它满足了观众的愿望和需求，帮助解决艺术教育萎缩的问题——我们要和观众合作，而不只是向他们展示。另一方面，它促进泰特和各个机构合作，开展一些实验性项目，来探索实验项目的有效性，以及如何对个人和社会发挥影响。

/ 图19　泰特交流中心的活动

在文化复兴的过程中，我认为上海也需要停下来问一问：到底什么样的项目是有效的，什么是无法奏效的？艺术教育和艺术能不能深植于我们的生活当中？从这个角度而言，泰特交流中心试图重新定义博物馆的本质。美术馆既有被动也有主动，既有静也有动，既可以看又可以触摸，既能思索又能辩论，既能学习又能陪伴，我们的博物馆应该把所有这些融合起来。

艺术：钢铁之都的蝶变　　Urban Transformation Through Art

斯蒂芬·休斯，现任国际工业遗产保护协会（TICCIH）秘书长（2012年至今）和国际古迹遗址理事会（ICOMOS）英国部副主席（2011年至今）。曾任英国威尔士古代历史遗迹皇家委员会项目主任，直至2015年。为伦敦古物专家学会和英国皇家历史学会的成员。

曾于阿伯里斯特维斯大学艺术学院任名誉院士，教授工业聚落架构。多次参加ICOMOS巴黎世界遗产委员会相关会议。在京杭大运河申报世界遗产的准备过程中，多次代表TICCIH和ICOMOS出席扬州和无锡召开的相关会议。

在学术成果上，斯蒂芬撰写了有关煤矿和运河的《TICCIH/ICOMOS 世界遗产研究》。其著作《卡佩波里斯》介绍了位于英国威尔士南部斯旺西的国际铜冶炼中心。在英国铁桥谷博物馆和德国弗赖贝格举行的国际专题讨论会上，他发表了有关城镇工业遗产更新的讲话。他的文章介绍了许多工业遗产案例的重要意义，包括6世纪早期的熟铁悬索桥、7世纪以来的中国铸铁塔、19世纪早期英国南威尔士的最大炼铁厂以及大跨度屋顶和铁路桥中大规模结构铸铁的发展。

此外，斯蒂芬还搭建了有关矿业更新的国际性伙伴关系，致力于工业遗产的更新。作为威尔士会议大厦信托（Addoldai Cymru）的受托人，他在其网站上发表过许多文章，探讨威尔士会议大厦信托在工业城市工人生活中所扮演的角色。

斯蒂芬·休斯

Stephen Hughes is Secretary of the International Committee for the Conservation of the Industrial Heritage (TICCIH) which operates in 50 countries (since 2012) and is Vice-President of the International Council on Sites & Monuments (ICOMOS) in the UK (since 2011). Stephen was Projects Director for the Royal Commission on the Ancient & Historical Monuments of Wales, UK until 2015. He is a member of the Society of Antiquaries of London and of the Royal Historical Society (UK). He was also an honorary Fellow at the College of Art, Aberystwyth University, lecturing on the architecture of industrial settlements. He has sat on the ICOMOS World Heritage Panel in Paris on a number of occasions. He has represented both TICCIH & ICOMOS at several conferences in Yangzhou and Wuxi during the preparation of the World Heritage Nomination of the Grand Canal of China.

He has written *TICCIH/ICOMOS World Heritage Studies* on coal mines and canals. His book, Copperopolis, dealt with the international centre of copper smelting at Swansea in south Wales, UK. He has spoken about and written on the regeneration of industrial heritage of townscapes at international symposiums at the Ironbridge Gorge Museum in the UK and at Freiberg in Germany. He has written about the great significance of wrought-iron suspension bridges from the early 6th century onwards and the cast-iron pagodas of China from the 7th century onwards, the largest ironworks of the early 19th century in south Wales, UK, and their development of large-scale structural cast-iron in large-span roofs and railway bridges.

He has organized international partnerships on mining regeneration and the production of interpretative animations (cartoons) of the industrial heritage. He is a Trustee of Addoldai Cymru (Welsh Meeting-houses Trust) and has published articles on their website dealing with their role in the workers' life in industrial urban communities.

用艺术复兴城市钢铁丛林

The Revival of Urban Iron & Steel Communities through Art

斯蒂芬·休斯　Stephen Hughes

摘要： 通过对国际工业遗产保护协会 (TICCIH) 的工作宗旨以及协会参与的一些保护和改造项目来呈现他们是如何"用艺术复兴城市钢铁丛林"的。国际工业遗产保护协会一直在探索如何通过艺术的原生触媒，并结合与之适应的新锐或是混合的手法对工业遗产进行再造。本文系统介绍了英国和美国的老工业区和设施保护与改造的成功案例及其改造的原则。在改造工业遗产建筑的功能之前，应该记录下这些建筑，并考虑其在未来的应用。艺术是让我们创造性地重新改造和使用这些工业遗产，使之重获新生的主要手段。

关键词： 国际工业遗产保护协会 (TICCIH)；工业遗产复兴；艺术城市

Abstract: Through the elaboration of the purpose of the International Commission for the Conservation of Industrial Heritage (TICCIH) and some of the conservation and transformation projects that the Commission has involved in, this paper shows how they "revived the urban steel jungle with art". The International Commission for the Conservation of Industrial Heritage has been exploring how to recreate industrial heritage through the primary catalyst of art and in combination with cutting-edge or mixed approaches. Successful cases of conservation and renovation of old industrial zones and facilities in Britain and the United States as well as the principles of the renovation are systematically introduced. Before the original functions of industrial heritage buildings are forgotten, it is necessary to record them and then consider their future applications. Art is the main means for us to creatively reuse these industrial heritages and bring them back to life.

Keywords: International Commission for the Conservation of Industrial Heritage (TICCIH); the revival of industrial heritage; art city

论坛的主题与国际工业遗产保护协会(TICCIH)所探讨的一个重要话题非常契合，即如何通过艺术的原生触媒，结合与之适应的新锐或是混合的手法对工业遗产进行再造。国际工业遗产保护协会的网页上记录了我们在世界各地关于工业遗产改造的最佳实践，今年9月我们将在智利举办年会，来进一步探讨这一话题。

威尔士市一度是世界的钢铁制造重要中心之一，而我的祖先是南威尔士铁矿的矿工，我曾在南威尔士古代历史遗迹中心做项目主任。由图1可见，1810年时，这里的乡村零星建起一些铸铁生产的棚屋，但到19世纪后期，这种建筑不再适合大规模生产需求，一些新的、大体量的钢铁企业逐渐建成。20世纪20年代，钢铁产业已经为该地区带来了相当规模的企业和城镇人口。由于铁矿石资源的逐渐耗尽，当地衰退的经济无法支撑起过去繁荣的产业，因此，大量人口流失，但富有特色的建筑仍被保存下来。

/ 图1　1811年英国威尔士赛法斯法钢铁厂

威尔士国家博物馆所收藏的画作展现了今天这个地区遗留下来的建筑。这些建于19世纪末的山上建筑，它们的显著标志是有很多巨大的熔炉，这些熔炉难以再次使用,甚至有一个已经成为工业遗址"纪念碑"。用于工人居住的巨大石质建筑建于1800年左右,它与当地的风光紧密结合,建筑之外还有个富有当时工艺特色的水道系统(图2)。

/ 图2 威尔士国家博物馆所收藏的画作

除建筑遗迹之外,本地人的参与更为重要。在伦敦接受艺术教育且非常具有艺术潜质的当地矿工的儿子,学成后回到当地开展艺术创作,很多作品都留在当地的博物馆。除此之外,铜矿工人家庭的玛格丽特女士,在当地建立了一个基金会和美术馆,此类依托工业建筑建立美术馆等艺术机构的案例还有很多。

那么在南威尔士,工业建筑是如何作为文化遗产被使用的呢?在19世纪30年代的瓷器仓库的持续改造中,曾有一个世界知名的歌唱家在这个改造后的仓库进行表演。1930年时,这里改成了一个剧院,1980年时又改造为一个酒吧,其功能角色也在发生着变化。在今天这个工业遗产改造的黄金时代,国际工业遗产协会有一个专业团队整理、记录、存档和传播改造后的工业遗产。

下面的案例表现了如何对工业遗产进行大规模改造。例如这栋建于 1854 年的谷仓被一个歌剧作家成功改造成一个歌剧院，现今已有 4 个音乐厅、20 个活动室以及艺术展厅（图 3）。另外，坐落于英国中部一座 50 万人口的工业城市的废弃纺织业仓库，被改造成一所手工艺术学校（图 4）。20 世纪 70 年代时，这里还陆续建立了一些艺术工作室。再比如铁路酒店，被改造为一所大学的校址。还有 1930 年时的牛奶厂，被改为一所艺术学校。19 世纪 30 年代的工业遗址转变为一个艺术中心（图 5）。可以看到很多通过艺术改造的大型工业建筑重新发挥其作用和功能。

/ 图 3　谷仓改造成歌剧院的案例——Snape Maltings 艺术中心

/ 图 4　德蒙特福德大学莱斯特艺术学院

/ 图 5　布里斯托尔铁仓库（1831-1835 年）

从工业遗产改造的角度来看，记录一些老工业遗产新生的过程是非常重要的。例如这个德国工业遗址改造案例，图中的锅炉被改造成一个技术展示中心，改造后承办了很多展览、展示活动（图 6）。另一个类似案例是由一个老仓库改造的设计中心，最早这里用于冶炼，在 20 世纪 20 年代这里变为一个艺术中心（图 7）。

/ 图6 德国工业遗址改造

/ 图7 老仓库改造

　　国际工业遗产保护协会的官网有纪念当代工业遗产改造活动的动画片，各类国际艺术双年展上有对工业遗址大规模改造的案例，比如有一些纺织厂、钢铁厂的再利用（图8）。钢铁厂被转变为科学技术博物馆，整个建筑有1千米长，它原来的建筑体量使人们赞叹不已。还有英国伯明罕小作坊车间的改造案例，国际工业遗产保护协会与艺术家、工程师共同合作改造一个生产甜点的工厂，使其有了一定的社区功能，成为当地人生活的一个枢纽（图9）。

/ 图8 英国萨尔塔雷世界遗产羊毛厂改造

/ 图 9　英国伯明罕小作坊车间的改造案例

　　工艺遗存改造的原则是在忘记这个工业遗产建筑原本的功能之前,把它的过去真实记录下来,再考虑其未来的应用。艺术是让我们创造性地重新使用,如不能很好地实现再利用,我们将会永远失去这些工业遗产。

艺术：钢铁之都的蝶变　　Urban Transformation Through Art

伍江

伍江，同济大学常务副校长，建筑学博士、教授，国家一级注册建筑师，法国建筑科学院院士。第十四届上海市人大代表，上海市领军人才，上海市政府决策咨询特聘专家，享受国务院特殊津贴。长期从事西方建筑历史与理论的教学和上海近代城市与建筑的历史及其保护利用的研究，著有《上海百年建筑史（1840—1949）》等多部专著，主持完成的科研成果曾获全国优秀规划设计一等奖、上海市优秀规划设计一等奖、上海市决策咨询一等奖、教育部和上海市科技进步二等奖等奖项。曾任上海市规划与国土资源管理局副局长。现为全球环境与可持续发展大学联盟主席，中国城市规划学会副理事长，中国建筑学会常务理事，上海市城市规划学会理事长，上海市建筑学会副理事长。

Wu Jiang, the deputy president of Tongji University, professor and doctor of Philosophy in Architecture, a first-class registered architect, and academician of the Academie d'Architecture, is also known as a deputy of the 14th Shanghai Municipal People's Congress, Shanghai Outstanding Academic Leader, the expert of Shanghai Municipal Government on decision-making consultation, and expert obtaining special allowances from the State Council. Having been engaged in the teaching of history and theory of western architecture and the research of the history, protection and utilization of modern cities and buildings of Shanghai for a long time, Prof. Wu has authored several monographs, such as *A History of Shanghai Architecture 1840-1949*. Furthermore, he has won the first prize in national outstanding planning and design, the first prize in Shanghai Outstanding Planning and Design, the first prize in Decision-making Consultation in Shanghai, the second prize in Ministry of Education and Shanghai Science and Technology Progress Award, etc. He served as the deputy director of Shanghai Municipal Bureau of Planning and Land Resources before. Currently he is the chairman of the Global Universities Partnership on Environment and Sustainability (GUPES), vice president of China Association of City Planning, executive director of Architectural Society of China, chairman of Urban Planning Society of Shanghai, and vice chairman of the Architectural Society of Shanghai China.

工业遗产保护与活化——以上海为例
The Conservation and Revitalization of Industrial Heritage: the Case of Shanghai
伍江　　Wu Jiang

摘要：在城市发展与城市更新的时代背景下，城市工业遗产的保护与活化继续成为当代中国城市发展的重大课题。上海作为工业遗迹数量多且形式多样的代表性城市，其相关的工作在20世纪90年代即已经开始涉及，在总结丰富的经验教训与成功案例下，去思考如何才能一方面推动上海城市的快速发展，另一方面又能使它的历史文化更多地保存下来，让历史文化能够跟新的城市的生命联系在一起是我们今天依然面临的重要课题。

关键词：工业遗产；遗迹保护；城市更新

Abstract: Under the background of urban development and renewal, the conservation and activation of urban industrial heritages continue to be a major issue of contemporary urban development in China. As a representative city with a large number of industrial remains in various forms, Shanghai has begun to be involved in relevant works since 1990s. After summing up rich experience, lessons and successful cases, we should think about how to promote the rapid urban development of Shanghai on the one hand and how to have its history and culture more conserved on the other hand, and to enable it to connect with the life of a new city is an important subject we still face today.

Keywords: industrial heritage; heritage conservation; urban renewal

随着上海城市建设的深入发展，一个突出的矛盾逐渐变得尖锐。怎样在推动上海快速发展的同时，兼顾其城市历史文化的保护工作，并使之能够与新城市的生命联系在一起呢？——因此用了这样一个词来总结：活化。尤其如工业文化这类的历史文化遗产，既不能像文物那样去谈怎样保护，也不能任由这些历史记忆在城市的快速发展中消失，怎样让其保存下来并融入今天新的城市是值得我们认真思考的问题。

上海作为中国最具代表性的近现代工业城市，是很多中国工业的发源地、成长地，因此在上海可以看到大量的工业遗迹。19世纪中叶至今，上海各种各样的工业空间、工业建筑和工业厂区，在城市发展过程中发挥了重要作用、占据了很大空间。上海城市工业痕迹无处不在。但随着时代的发展，很多工业建筑都已结束了它的历史使命。

上海工业遗迹的形式多种多样，既有比较传统的木结构，也有很现代化的结构。其形式、功能、种类、风格、建造技术、时代感具有极大的多样性。

20世纪以后，上海的工业厂房里面出现了很多新的建造技术。上海工业化的进程非常短，新技术与传统技术几乎是同时出现并运用的，所以上海是个能够清楚看到时代痕迹的城市。在20世纪三四十年代的建筑中，先进的工业建造方式和一些非常传统的砖、木工业遗产是很常见的，从而体现出上海工业遗迹的一个非常大的特点：时间性。

20世纪80年代后，随着上海的工业开始大规模转移与转型，大量的工业从上海转移到外省。由于工业技术改造升级，很多原有厂房不仅难适应新需求而且还面临着改造升级。由于上海的工业厂房大多属于国有企业的，从权属上无法直接进入土地市场交易，以至于很多人就想重新使用闲置厂房。厂房再利用项目具有很强的临时性，再利用时无法知晓这个地块在未来是否会作为城市开发的基地。诸如比较常见的方式：旧纺织厂变成餐饮店，旧厂变成家具商店。因此自20世纪90年代开始，早期的工业遗存都倾向于商业再利用。

90年代末，一部分艺术家开始进入这些空间，工业遗址厂房现仍处于临时的搁置阶段，并没有在规划上明确改造用途，所以导致其租金很低；另一面艺术家又希望使用更大、更便宜的空间，因此就增加了艺术家对这些旧仓库的喜爱。这样相似的故事在国内外有很多，只是在90年代末的上海主要发生在苏州河边的工厂和仓库。

艺术家介入后，旧工业建筑结构和建筑品位发生了很大变化，艺术家对原先工业空间、建筑结构的破旧外观有一种特殊的喜好。这种独特的偏好使得我们能够使工业遗产得到最大限度的保存。但有些改造需经政府介入才能实施，如改造苏州河边外观破旧的上海啤酒厂。上海市规划要将苏州河沿岸变成公园，因此就提出将其拆除。至今历史文化保护中还面临一个重要的误区：大家对于高品质、外观漂亮的建筑印象较好，对其进行保护也相对容易。但大多人难以理解对那些外观一般、结构品质不好，甚至是快倒塌的危房建筑的保护意义，这就是当今对工业厂房保护时所面临的困难。在上海啤酒厂这个案例中,其被修复得很好,已然成为苏州河边的重要景观(图1)。对于这个曾是当年上海的匈牙利建筑师乌达克的作品,说服决策者能够把这个建筑保留下来是非常有意义的,而这位建筑师现在是上海滩非常知名的公众人物。

/图1 上海啤酒厂

对待这些工业遗产上海开始主动思考,就从苏州河两岸开始。当时,苏州河两岸的工业遗产大部分已被拆除。2000年以后,上海对沿河留存的工业建筑进行了系统的研究和梳理,而艺术家的介入,使苏州河两岸出现了许多知名的艺术园区。由于系统的改造,苏州河地区带动了整个上海对工业遗产的重视、系统研究以及保护再利用。

至此,上海已有很多以工业遗产的保护再利用为特点的文化艺术园区,或者是创意产业园区。像泰康路的田子坊,起初里面主要是一些空间不大又简陋的临时厂房、里弄工厂。在改造过程中,由于遭遇了亚洲金融危机,起先计划要拆除的厂房,在拆的过程中因开发商资金短缺而暂停改造。后来陈逸飞、尔冬强等一批艺术家的入驻，带动了这个区域的活跃，成就了今天的田子坊。很多工业文化遗产应该把其看作城市既有空间里面的资源，因为它们等不及我们专业工作者去认真地研究、甄别以后再保护。

上海是中国工业的基地，有大量的工业遗存，这些工业遗存曾经是上海经济和社会生活的重要来源，可由于工业的转移导致其已经过时。但我们发现这些工业文化的空间非常契合于我们后现代的工业文化，或者说后工业的文化、创意文化。

十多年前我参与把上海的上钢十厂变成艺术空间，这可以说是上海工业厂房转化为艺术空间最早的一个实例（图2）。

/ 图2 上海工业厂房艺术空间

八号桥也是有争议的，因为对上钢十厂的保护，可以向决策者讲述这个建筑的空间和工业记忆是非常有特色、在历史上是非常重要的等理由，进而要求把它保存下来。而对于是个普通工业厂房区并没有特别的文物价值的八号桥，自从艺术家进驻以后，整个空间从消极变得积极，成了城市的一个品牌。（图3）

/ 图 3　八号桥

苏州河两边的工业遗存改造被推广到黄浦江两岸的改造更新。工业区进行转型的一个非常成功且重要的实例就是 2010 年的上海世博会（图 4），可惜的是世博会里面拆除了许多工业遗存，当然同时也保存了很多。如原来江南造船厂的大船屋变成了现在的博物馆。上海的当代艺术博物馆是由上海的一个旧厂改造而成的艺术中心，虽是受到泰特现代美术馆启发以后改造的，但其改造比泰特更有意思，上海当代艺术博物馆内部具有比较强烈工业厂房格局的遗存，而泰特并没有。

/ 图 4　2010年世博会选址地区现状

　　2010年上海世博会后，改造成为一种时尚，但是对历史文化的重视、保护，往往都是在社会的上层，在知识分子和艺术家中更容易得到共鸣，整个社会仍很难理解，这可能就是艺术家总是被看成异端、异类的原因。可在上海，这种时尚却是市民所接受的，市民很愿意接受这样一种非常时尚的口味。比如这个案例：曾经外滩最破旧的一个仓库，如今竟成为普通市民最喜欢的地方，这可能就是上海市民高文化高素质的佐证（图5）。

/ 图 5　外滩仓库

上海的整个工业遗产从南到北，遍布黄浦江，徐汇滨江，一些曾经非常重要的工业基地，还有厂房、仓库、港口和飞机场，这些工业遗产经过改造把主要的空间都保存下来，成为当今社会时尚文化休闲娱乐的场所。

龙华机场的一个飞机库经改造后成为一个特别的固定的艺术空间——上海城市空间艺术季（图6）。它周边很多原有的工业遗址都受其影响，例如原来的煤码头嵌入了一个新的城市地标——上海龙美术馆（图7）。一个最新的工业遗址改造是去年上海公共艺术季的选址地：民生码头的筒仓，经过改造现在已经成为一座永久的当代艺术馆。这次改造使其成为上海热门的展览场地，筒仓外面基本完全保留原来的样式，外部加挂的斜楼梯把原来每一个独立的筒仓从下至上全部串起来，使得里面的空间非常有趣，成为热门的艺术空间。

/ 图6 龙华机场的飞机库改造 / 图7 上海龙美术馆

总而言之，沉寂的工业空间只有经过活化，只有经过艺术、商业等各方面的功能介入，才有可能真正融入今天的城市，从而成为今天城市的一部分。工业曾经作为上海城市经济的主要支撑，也是这个城市值得骄傲的历史，今天它也应该继续为

/ 图 8　宝武吴淞地区

组成这个城市的生命而努力。上海的创意产业方兴未艾，此时产业建筑跟创意产业这两个看似不相干的脉络正在呈现出一种必然的联系，极大地把上海曾经有过的工业文化完整保存下来，就如在宝武吴淞这个地区一样（图8），能够通过对空间的催化，继续推动上海整个的文化艺术事业的发展。

艺术：钢铁之都的蝶变　　Urban Transformation Through Art

　　吴家莹，COLLECTIVE创始人、设计和管理总监。荷兰注册建筑师、英国皇家建筑师协会特许建筑师和美国建筑师协会成员，拥有哈佛大学建筑学硕士学位和康奈尔大学建筑学学士学位，专攻建筑学理论和视觉研究。曾担任香港中文大学建筑学教授的助理，指导研究生论文和本科生设计。

　　成立COLLECTIVE以前，吴家莹曾任鹿特丹大都会建筑事务所设计总监，与普利兹克建筑奖得主雷姆·库哈斯共同主持过阿克塞尔·施普林格（欧洲报纸出版商）柏林媒体总部、8 000平方米圣彼得堡埃尔米塔奇博物馆艺术馆和42公顷西九龙文娱艺术区等项目。

　　吴家莹曾任职于大都会建筑事务所香港部，参与了中央电视台北京总部室内项目，主持了128 000平方米的雅加达SSI双子塔和140米高广州宝钢总部的优胜提案。此前，她任职于大都会建筑事务所纽约部，参与了肯塔基州路易斯维尔一座214米高的混合用途塔式博物馆广场项目和纽约伊萨卡康奈尔大学建筑学院建筑Milstein大堂扩建项目。除建筑、城市设计和室内设计外，她还带领大都会建筑事务所鹿特丹团队向巴黎拉斐特大酒店提供总体规划可行性咨询，向香港地铁（MTR）提供2020年愿景总体规划可行性咨询。

吴家莹

　　Betty is the Founder and leads the design direction and management at COLLECTIVE. She is a Registered Architect in the Netherlands, a RIBA Chartered Architect in the United Kingdom and an Associate member of the AIA, United States. She holds an MA from Harvard University and a BA from Cornell University, with a concentration on Architecture Theory and Visual Studies. She was an Assistant Professor of Architecture at the Chinese University of Hong Kong and taught Master Thesis and Bachelor Design Studios at the University of Hong Kong previously.

　　Prior setting up COLLECTIVE, Betty was Design Director at OMA Rotterdam with Pritzker Prize Laureate Rem Koolhaas, leading the winning proposal for the Axel Springer Media Headquarters in Berlin, the 80,000 m² Hermitage Museum Art Repository in St. Petersburg and the 42 Hectares West Kowloon Cultural District Master Plan in Hong Kong among many projects.

　　Betty was at OMA Hong Kong working on the CCTV Headquarters interiors in Beijing, led the winning proposal for the 128,000 m² SSI Twin Towers in Jakarta and the 140-meter tall Baosteel Headquarters in Guangzhou, amongst many other architecture projects in Asia. Prior, she was at OMA New York working on a 214-meter tall mixed-use tower Museum Plaza at Louisville, Kentucky and on the extension of the Architecture School Building Milstein hall at Cornell University, in Ithaca, New York. In addition to architecture, urban design and interior design, Betty also led the OMA Rotterdam to offer Feasibility Consultancy about the Master Plan for Galeries Lafayette in Paris and the Vision 2020 Master Plan for Hong Kong Mass Transit Railway (MTR).

运河 24——重构纽约运河系统

CANAL 24 — Reimagine the New York State Canal System

吴家莹　Betty Ng

摘要：通过建筑师团队组织的项目案例介绍工业遗产并阐述处理工业遗产类建筑过程当中的一些策略，即"植入""手术""简化""添加""清除""重建（彻底回收）"等改造手法。同时，通过北京、香港和威尼斯的案例分享建筑师与艺术家的合作。最后，以纽约运河系统的项目为例，呈现对整个运河系统开展有机整体改造的策略。

关键词：工业遗产；建筑改造；手法；纽约运河系统

Abstract: By introducing project cases organized by architect teams, it explains some strategies in the process of dealing with industrial heritages and industrial heritage buildings. By these cases, it introduces the renovation methods such as "implantation" "operation" "simplification" "addition" "removal" and "reconstruction (complete recovery)". At the same time, the cooperation between architects and artists are shared through the cases of Beijing, Hong Kong and Venice. Finally, the project of the New York Canal System is taken as an example to present the strategy for transforming the whole canal system as an organic whole.

Keywords: industrial heritage; building renovation; techniques; New York Canal System

Collective 是个年轻的建筑师事务所，它承担纽约州的运河系统的改造项目。通过这个项目来介绍对工业遗产，乃至整个工业遗产类建筑改造的理解及处理过程中的策略，其重点介绍纽约"运河 24"项目。

改造手法：植入。案例：香港 Lehman Maupin 地区美术馆项目。此地区原本建成于 1900 年前后，建筑师在改造该地区时保留了一个占据空间很小的立柱，当初它是整个亚洲洋行的代表性构筑物（图 1）。其采用了植入构筑物、街道家具和小型建筑的手法，对整个空间场所进行 "手术" 式的激活。而在雅加达旧城另一个拥有 400 年历史的保护建筑改造中，也采用了类似的植入方法。

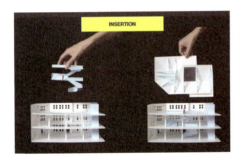 

/ 图 1　香港 Lehman Maupin 地区美术馆项目

改造手法：简化。案例：圣彼得堡欧洲大学的大楼。怎样将这个原本像迷宫一样的建筑尽可能简洁化？这就是这次改造的主题。因 400 年间的持续建设，使这个建筑看起来只有 5 层，但其内部却有 24 个复杂的结构，因此在建筑当中非常难以寻找方向。因此此次改造我们在建筑内部部分水平和垂直交通交接的地方进行了简化，达到了预期的效果（图 2）。

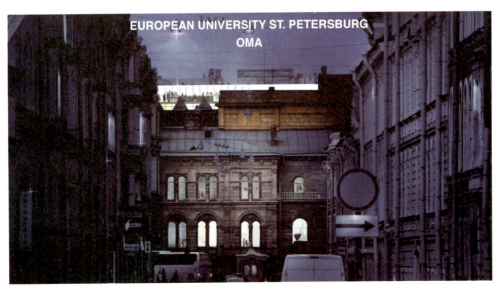

/ 图 2　圣彼得堡欧洲大学的大楼

改造手法：添加。案例：圣彼得堡 HERMITAGE 艺术博物馆的改造（图3）。原有的老博物馆的外形是一个封闭的复合单体，为了与其进行鲜明的对比，所以在其街对面建立了一个透明的、面向公众开放的新建筑，进而让二者形成某种精神层面上的象征和联系。

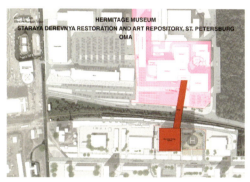

/ 图3 圣彼得堡HERMITAGE艺术博物馆的改造

改造手法：清除。在做遗产保护时，有时也不可避免地要清除一部分已经被破坏得太严重的建筑物。比如这个采石场的项目，为了重现这个场所的风貌，就拆除了一些破坏严重的地方，进而起到保护遗址的作用（图4）。

/ 图4 采石场的项目

改造手法：彻底重建。案例：一个在亚太地区非常有名的项目，该项目位于香港九龙西区，是经过彻底拆除、重新规划的文化街区项目中的文化博物馆（图5）。在2010年该地区做总体规划的时候，这个博物馆还并没有什么收藏，但它试图展示博物馆未来的样子。

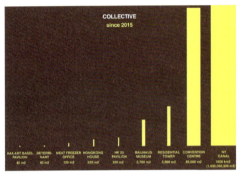

/ 图5 文化博物馆   / 图6 Collective 事务所项目

上面这些项目是在之前完成的，但是涉及不同的保护主题和手法。

2016年Collective事务所成立后也做了一系列项目，其更加注重创新，随后慢慢做一些大项目（图6）。目前我们所做纽约州的运河项目，将在后面重点介绍。

和清华大学共同合作的"您诚挚的朋友"策展是早期的项目，我们要打造一个独特的视角来展示这些来自闻一多、朱自清这样非常有名的学者和文人的150封特别的书信，这些书信对中国历史有非常重要的影响。其策展方法是将空间变成一个桌子的形式，让大家更好地感受这些学者间是如何沟通的。

和视觉艺术家合作也是需要注重的，在威尼斯双年展上，我们同西蒙·丹尼（Simon Denny）合作来关注中国的众创空间。在此次展示的项目中，将展台进行高亮处理，并结合10米高的视频屏幕来展示西蒙·丹尼的作品。

案例：香港巴塞尔艺术展的入口改造（图7）。此次改造使用了大量的镜子，进入后就能感受到整个艺术展的气氛，受众看到的照片大多是亚洲艺术档案展。

/ 图7 香港巴塞尔艺术展的入口改造

去年的一个项目：时间的种子（图8），此项目是个开放式的论坛，当你进入这个展览，就会通过一个地图知道你的位置，然后可按照地图中的线路去寻找你想看到的展品。

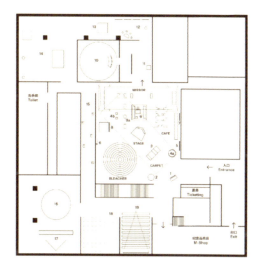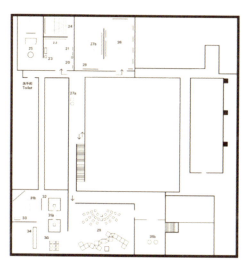

/ 图8　时间的种子

事务所成立的两年间，我们做了很多项目，小到室内设计，大到会议中心、博物馆。事务所最近开始着手成立以来的最大项目：纽约州运河系统重构项目（图9）。此项目范围非常大，沿途有很多城镇。图中蓝色部分就是800千米长的运河系统，黄色边界内是主要项目区域（图10）。

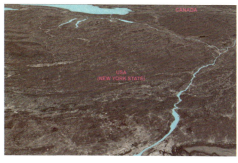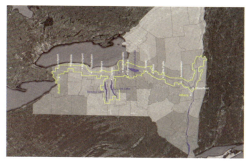

/ 图9　纽约州运河系统重构项目　　　　/ 图10　伊利运河沿途的15个主要城镇

这条运河作为纽约州基础设施的重要部分，有很多的码头、船闸、水坝以及 800 千米的河道。看上去每一个基础设施是非常枯燥的，从第 1 千米开始，再看沿途的城镇是否途径一些有意思的地方。但枯燥的同时也为它的潜力感到着迷。过程中采集了大量数据，并通过量化指标做一个"心理地图"的阶段分析，通过这种方式来标注纽约的运河系统，以加强其特色。在途中我们曾想放弃，例如采用折中方案，专门找一个地点做一个建筑，然后就把它叫作工业遗产复兴。但最后仍觉得要坚持把整个运河作为一个整体来看。

我们对运河做了一个类似于地铁示意图的设立理念，像标注站点一样标注 24 个点，在每个点上面标注机场的方向以及驾车去机场的时间，这 24 个点会构成一个体系，而这个体系就是构成纽约州的运河系统，也叫作运河系统的催化点（图 11）。其中，黄色是对旅游业的打造非常重要的住宿点。我们不是仅造一个公共建筑、一个博物馆，而是要打造一种有吸引力的整体氛围。另外，商业也是非常重要的，运河体系产生的非常重要的原因就是商业，因为这条水道连接了众多的商品制造地和城市，是非常重要的。

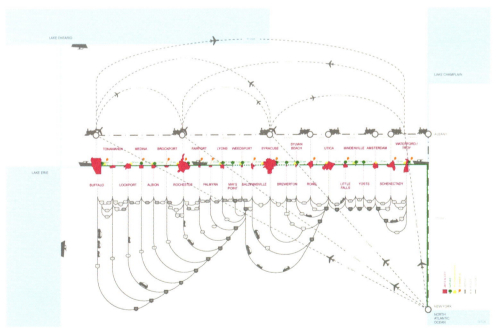

/ 图 11　24 个运河系统催化点

我想给大家着重介绍一下这 24 个点中的几个点：

WATERFORD，它将哈德森运河和另外的水道联系在一起，我们加入了一些公共艺术，特别是水上的公共艺术作品，将它与纽约州大的步道相连接。

SCHENECTADY，这个小镇有很多的办公室是原来通用集团所在的地方，它最早完全是由 GE 发展所带动的，但如今这里并不繁荣，我们正在想办法重新将它发展起来。

AMSTERDAMN，这里曾是纽约非常重要的制造业基地，但大量工厂都已废弃，这里具有很高的重塑价值，可以建立艺术工作室和画廊等。

YOSTS，目前是相对偏远的地区，历史上也没有很大的发展，但这里非常空旷，可以在这里依托水岸建立一个大的标志性建筑。

MAYS POINT，非常靠近 25 号码头，是很多人的观鸟地。我们考虑将一些户外活动功能植入，比如将步道以及建筑结合在一起。而之所以选择这些地点是因为它具有多元性，这里有城市、小镇，甚至一些荒野。纽约州有很多冬季的项目都可以放在此处。

MEDINA，这里有很多的仓库，目的是将一些大的公众艺术作品放到那里，把它做成一个大家都想去的地方。

TONAWANDA，这里是运河尽头的地方，有几条水道聚集于此。这里有很多泊口，一些大的运输船几乎都可通过。我们还要做一个雕塑公园向原先的设计者致敬。

现在是在竞标的第二阶段，还有很多悬而未决的问题，所以我们提出了非常激进、大胆的想法。我们正在思考如何实施，用艺术作为催化剂是否比较合理，或者说利用一些其他的方法。我们和纽约相关部门沟通，听取他们的想法，看哪些会奏效，应该如何具体实施和操作。最后我们期待有更多的想法和建议。

讨论环节一
Discussion I

讨论嘉宾：

Frances Morris（弗朗西丝·莫里斯）
Stephen Hughes（斯蒂芬·休斯）
伍　江（Wu Jiang）
吴家莹（Betty Ng）
潘鲁生（Pan Lusheng）
赵　健（Zhao Jian）
高　峻（Gao Jun）

主持人：

汪大伟（Wang Dawei）

/ 汪大伟（主持人）

现在，我将对现场的嘉宾们提出一个问题，我希望大家可以用一句话来回答这个问题——当然，可以是比较长的一句话——同时，我也希望每位嘉宾在就问题谈完自己的看法后，也能够为台下的诸位听众提一个问题；而台下的观众在回答这个问题时也只能用一句话。我希望在问答之中，不同的思想能够碰撞出令人惊喜的火花。

在前面斯蒂芬·休斯曾经谈到，通过艺术手段所进行的工业遗存激活案例遍布欧洲；而来自同济大学的伍江教授也在其演讲中提到上海的诸多工业遗存"活化"案例。那么我们不禁要问：在这类成功的激活案例当中，为什么总是需要通过艺术激活？或者说为什么在艺术的方法下对工业遗存的激活总有奇效？——为什么偏偏是艺术，而非其他学科？——是因为它低廉的成本，还是它与生俱来的强大感染力？这句话，我想先从高峻老师这里开始。

/ 高峻

复兴以及复兴什么是确实要思考的。起最关键的激活作用的为什么是艺术？个人理解，是由于在所谓的"工业遗存"概念里，很重要的一点是具有历史性。历史，承载着不同年代的人所具有的独特情感与时代记忆，而艺术则从不同角度激活这种记忆和情感——它可以说是最直觉且多样的方式，而现在没有别的东西可以达到与艺术同样的效果。

/ 吴家莹

实际上，不成功的例子有很多——用艺术和文化来做工业遗产的激活，也有一些失败的案例，在我个人看来，这种做法很可能存在一些夸张的危险。艺术和文化是要创造一种工作，不单单当作一种消费——艺术家进入这些工业遗存，不该是种默认模式，要把它当成一种工作，而不是一种消费。

/ 潘鲁生

艺术的激活不仅仅是艺术本身，在工业文明的时代，各种要素，各种因素，对文化遗产或是工业遗产的影响都很大。但其本质问题在于，在人类文明中，特别是文艺复兴之后，科学和艺术永远是带有创造性的，创造是科学家和艺术家同等的社会责任。

艺术家的发现，会使很多的问题被发掘，进而引领社会，使公众参与，最终解决艺术和科学最本质的社会的问题。

很多的案例表明，一般的社会市民可能是喜新厌旧的，而艺术家是从废弃的东西当中发现再生之门。艺术家的发现往往和科学家是一样的，因寻找不同的文明的节点，工业遗存对于现代城市或者是现代公共文化，特别是市区文化的建设，起到很大的作用。没有艺术家们的发现，可能就没有创造和历新。

/ Frances Morris

三位讲的都非常好，我觉得都很难再补充一些新的东西。刚才他说过，很多工业的复兴，是一种副产品，有机构，或者一些个人，他们一开始需要一些比较便宜一点的空间，一开始大家还没有考虑到这些工业遗产的美学问题，希望给这些丧失功能的建筑找到一些新的功能，因此我们还是要记住这一点，我们首先找到一些好的能够用的楼。此外，现在很多的艺术家在工业的空间里是工作的，因此，我们看到艺术它在激活，但是事实上，他们的关系是相互的，是复杂的，而且有的时候在工业重新使用和艺术激活当中，他们还是有一种相互作用的关系。

/ Stephen Hughes　艺术是对工业遗产重新利用的途径之一，对这种建筑进行重新开发、功能再造以及进行再利用，从而能够实现可持续发展。有时过度的利用也是艺术复兴再利用的一种方式。现在人工智能和机器人可以带给我们一些前所未见的可能性。在未来很多人的工作可能会消失，因此，我们必须要考虑人类长期的功能、职能到底是什么？我们的宗旨到底是什么？这样，庞大的工业遗产空间以及新的创意，在未来才会有更强的生命力。

这些工业遗产本身并不是一张白纸，也不是一个空壳，对空间进行重新利用时一定要记住这个空间曾发生了什么。作为建筑的考古学家，进入一个工厂或一个煤矿，一定要首先记录下人们之前在这个空间里做过什么，这是通向未来的关键。同样重要的是，如今有些艺术家也在网上给大家介绍这些空间是如何历经演变的。

/ 赵健　对利用工业遗址当中的实验阶段我想做些补充。工业遗址用了200年的时间从崭新的空间变成废弃物，这200年间，现代人利用工业遗址的时间不到100年。在不到100年的利用过程中，实际上人们还在尝试与探索如何利用，而在探索过程中，艺术就是方便的，条件最少的，准入资格最低的。以厨房为例，中国人的厨房里只要有两根筷子就可以把从烹调到吃等所有的事情基本解决。而德国人的厨房，为了煮鸡蛋就发明了价值100万元的厨具。同样，艺术就相当于筷子，是进入工业遗址的最低门槛。

过去不到100年的工业遗址案例，并不能完全对应当今中国的再开发再利用，因为到目前为

/汪大伟（主持人）

请每一位讨论者，提一个问题给在场的所有观众——当然也可以提给某个人。所有讨论嘉宾提出全部问题后，观众可以挑选其中自己感兴趣的问题进行回答。要求仍然是只能用一句话。下面第一个问题就请伍江教授提出。

止，仅上海市在册没有开发的、没有利用的工业建筑就不下200平方公里。

其次，中国的人口基数是世界最大的，因此面对全球最大的钢铁的旧工业遗址，活用也好，再开发也好，再利用也好，都得以过去的经验为基础，进行新尝试。而艺术作为新尝试的一员，责无旁贷但不是唯一。宝钢的上海美术学院，不只属于建筑也不只属于设计，而可能是任何一个人，以艺术的姿态，以一双筷子的姿态，尝试着先走进来。

/ 伍江   工业空间跟艺术之间并没有必然联系。之前提到艺术家的进入是因为空间的价格便宜，可喜欢便宜的不光是艺术家。主要原因是几乎所有建筑空间的功利用途都被建筑师牵着走，而艺术家却可以赋予一个空间功利用途以外的用途。

艺术家可以通过想象力介入——这种想象力将使工业空间活化。与此同时，更多的建筑师也可以进入艺术领域。艺术家可以让一个现存的空间放进新的功能，尽可能地发挥创造力。这样一来，上海200平方公里的工业区实现艺术蜕变指日可待。

/ 伍江   在一个现存的工业空间中，有各种各样再利用的可能性。建筑师只能针对一部分的可能性提出自己的见解——而不是所有的可能性，这种观点是正确的吗？

/ 赵健   请问在座诸位，待改造的型钢厂长800米，宽70米，高30米——这便是作为上海美术学院新校区的基础，在这三个数据中，最可贵、最有价值的是哪个尺寸？

/ Stephen Hughes   如果没有很多像炼钢厂一样的工业建筑来进行重新使用——如果现有的场地都要转变成一个新用途，需要添加或者是改变一些功能，是否可以确保最终的落地方案能够和原先的结构完全吻合或者是匹配？会倾向于使用一些非常现代化的方案吗？会完全改变原先的建筑风格吗？

/ Frances Morris 城市中已经有数以十亿或是数以百亿的工业遗产被重新改造，是否有必要通过艺术来重新振兴城市的其他部分？

/ 潘鲁生 今后艺术城的建设、设计文化应该放到怎样的位置？作为原住民，要进入这个艺术城，自身和其他的文化建设的关系是什么？

/ 吴家莹 艺术城的总体规划以及一些建筑的设计方案大家已经了解过了，而我关注的是软实力方面。昨天我们参观了现场，我们知道规模非常大，我想更多地了解项目的软实力方面，特别是总体规划方面，有没有考虑一些软实力方面的内容？

/ 高峻 按照目前的规划，艺术城将于2040年建成。再过20年，当你带着自己的孩子进入这个地方时，你会跟他做些什么？或者说你会让他做些什么？

根据我们的规则，一个问题一位回答者，如有回答冲突，就以前面的为准。七个问题则应有七个回答者。接下来，也是一句话的回答，回答前指明回答的是哪一位讨论者提出的问题，并简单地介绍自己。下面开始回答。

/ 汪大伟（主持人）

/ 观众

我是上海美术学院的老师李超，我来回答弗朗西丝·莫里斯馆长的问题：在上海，将艺术注入工业遗存，在目前仍仅是一种可能性，而至于上海其他的文脉、历史、人文元素和工业遗址是否能够相互促进，仍有待于进一步的实践探究。

/ 汪大伟

这是弗朗西丝·莫里斯馆长的问题。接下来哪一位举手？

/ 观众

我是上海美术学院大四的学生孙佳奇，我回答伍老师的提问：钢铁之都还可以建造成像游乐园或者是鬼屋的形式，在日本非常知名的有将医院改造成鬼屋的案例。如果在艺术城中增加这样的游艺设施，对不同的人群更有吸引力。

/ 观众

各位老师好，我是张冰，"中国当代艺术"的策展人，我想回答斯蒂芬·休斯的问题：汪大伟院长提到的产业遗产对过去记忆保存的重要性，实际工作中，很多的当代艺术家对我们提出，要求在上海特色的工业产业遗产建筑里做展览，而不是在一个设施完整的、专业的美术馆空间里，许多艺术家希望是在一个不完整的、毛坯的、未完成的状态，把他们的作品放进去，在这个空间与历史连接，遗弃状态的语言方式，包括未来状态的可能性，这是当代艺术圈的需求。

/ 观众

我是上海美术学院建筑系的老师，正好我也是一个四岁孩子的母亲，我们一个团队一直参与整个艺术之都的策划和发展规划的讨论，我想如果真正建成以后，我的孩子已经将近20岁了，我想对他说：你可以不用像母亲当年那样，需要通过参加千军万马过独木桥的高考方式——在你们这个年代，在浦东做精英已经不是成功的典范，生命有很多种可能，成功有很多种。

/ 汪大伟

孩子去那里忆苦思甜。好像赵健老师的问题有点难度。

/ 观众

回答一下赵健老师的问题，我是刚刚考上美院的博士生。赵老师刚才提到，对于型钢厂来说，高度、宽度、长度哪个最特别，或者是设计角度最不一样。我个人感觉，那个高度非常特殊，因为有不同的高度，才能够创造不同的可能性。我自己曾经在地下80米的深坑做了一个酒店，相信这个可以创造出无限的可能性，我觉得最重要的是高度，非常的特别。

/ 汪大伟

因为你做过高度的成功案例，所以你看重的是高度。还有吴家莹老师的问题，不回答今天不散场的。

/ 观众

说到软实力的问题，我觉得软实力不是艺术、设计圈能解决的问题，而是需要更多选择支持艺术和设计的人来一起解决的问题。

/ 汪大伟

还有潘鲁生的问题，是不是时间长了，大家把他的问题给忘了？

/ 潘鲁生

因为现在关注艺术教育本身，其实有的时候忽略了一个很重要的问题是设计文化。现在的艺术教育再过5年、10年，你想想我们的专业化可能要走进社会，它已经是文化或者是设计教育的一种，或者是美院已经融入了大的设计文化。我感觉我们现在太割裂，把艺术教育太割裂地去看。我想问问同学们，有没有这方面的思考，特别是学公共艺术或者是其他艺术的同学，有没有这样的回答？

/ 观众

各位老师好，我是上海美术学院大二版画系的学生。老师说的问题和整个中国教育制度有关系，除了上海，其实在外省很多地方，他们经常把艺术看作一种另类，不是很重视这方面的教育。从某些方面来讲，在他们眼里，艺术的好与坏在于画得像不像，音乐的好与坏在于唱得高不高，这是本国的教育制度问题，不能只通过建筑让他们去体会，这是很难做到的一件事。因为从小打下的心理压力是蛮大的，那种想法可能会一直延续下去，除非专门去学、去研究这个东西。

/ 伊塔洛

对于我来说，这个讨论是我们要把它联系到现在，我们要用一种原创性的方式去思考，比如说原来工程的艺术和古典的艺术，就像我们说科学和艺术，我们就是要好好想象一下10年之后世界是怎么样的，再想想今天的年轻人。我觉得我们的话题是很重要的，今天的很多年轻人参与讨论，这个很重要，因为未来是很不一样的，而且教和学在目前都是非常重要的。现在年轻人也会教年长的人，到底新世界是什么样，因为我们像是完全不同的人一样，对于我们来说都是新的东西。

我们学校在探讨未来的时候，一定要听听这些新新人类的看法，因为未来是他们的。同时在很多的讨论当中，人们处于不同的年龄阶段，好像都是分割来谈的。我觉得这个是不对的，因为有很多人虽然是儿童，但是他们已经老了，虽然有些人已经老了，但是还是保持着童心，现在有很多新的条件和情况。

/ 汪大伟

简短的言语当中，实际上把我们的年龄界限已经跨界打破，年纪大的未必老了，年纪轻的未必年轻。今天的论坛到此，我就用伊塔洛最后的这段赠言给我们做一个小结，谢谢在座的七位讨论者，对他们精彩的回答和智慧的火花，我们以热烈的掌声表示感谢。

产业，艺术与观众的桥梁
Industry, the Bridge between Art and Audiences

艺术、产业、资本和观众，在双向多方的相互相应作用之中，因时间、程度、作用方式的差异而展现出多层次的空间，为不同主体为中心的语境提供全面的视野。

让·德·卢瓦西是一位独立策展人，自 2011 年 6 月起担任巴黎东京宫馆长，同时在巴黎蓬皮杜艺术中心和卡地亚当代艺术基金会等文化机构担任不同职务。让·德·卢瓦西曾参与 1993 年和 2011 年的威尼斯双年展等多项国际活动，并组织了 1995 年光州双年展，以及其他一系列历史展览，包括蓬皮杜艺术中心的"超越边界：艺术与生活"（1995 年）、"圣迹"（2008 年）、"简单形式"（2014 年）、阿维尼翁的"美"（2000 年）、巴黎大皇宫的"纪念碑／安尼施·卡普尔"（2011 年）、"纪念碑／黄永砅"（2016 年）、凯布朗利博物馆的"混沌的主宰者"（2012 年）、卢浮宫的"未来简史"（2015 年）等。

President of the Palais de Tokyo since June 2011, Jean de Loisy is an independent curator and has occupied different functions in various cultural institutions such as the Centre Pompidou in Paris or the Cartier Foundation, amongst others. He has participated in number of international events like the Venice Biennial in 1993 and 2011 as well as organized the Gwangju Biennial in 1995 or historical exhibitions of which Hors Limites – l "art et la vie" (1995) and "Traces du sacré" at the Centre Pompidou (2008) or "La Beauté" in Avignon (2000), "Monumenta/Anish Kapoor" at the Grand Palais (2011), "Les Maîtres du Désordre" (2012) at the Musée du Quai Branly, "Formes simples" at the Centre Pompidou-Metz (2014), "A Brief History of the Future" at Musée du Louvre (2015) and "Monumenta/Huang Yong Ping" at the Grand Palais (2016).

让·德·卢瓦西

提出问题、解决矛盾是艺术的生命力所在
Art in Bloom: Spotting and Solving

让·德·卢瓦西　　Jean De Loisy

摘要：本文通过对大量艺术馆、艺术作品的展示，提出有关艺术发展的各种问题，就社会进步与艺术发展之间的矛盾，艺术对公众的作用，以及关于自然的探讨等多方面问题进行探讨。艺术不仅仅是时代发展的一部分，也是传承历史文化不可或缺的一部分，但是作为承载艺术作品的博物馆不应再是权力的象征，而是应当真正地深入社区开展便民服务，真正成为服务于社会和公民的场所。思考艺术的同时也是对社会发展提出问题，解决矛盾。

关键词：美术馆；艺术发展；美的问题；精神性

Abstract: Through the demonstration of a large number of art galleries and art works, this paper puts forward various problems in the art development. It makes an exploration into many aspects such as the contradiction between social progress and artistic development, the role of art to the public, and the discussion about nature. Art is not only a part of the development of the times, but also an indispensable part of the inheritance of history and culture. However, as a museum that holds works of art, it should no longer be a symbol of power, but should really go deep into the community to serve the people and truly become a place to serve the society and citizens. Thinking about art is at the same time raising questions and resolving contradictions for social development.

Keywords: art gallery; art development; issues of beauty; spirituality

美术馆在世界各地不断涌现，这是社会和谐发展所带来的产物，这个现象在东方尤为突出。但艺术的生命力却并没有过去那么强盛，如今的艺术正逐渐失去过去的力量。尽管艺术家之间经常会相互探讨交换不同的看法，但仍存在着一些颇具争议的话题，比如说艺术和观众之间的矛盾、社会进步与艺术发展之间的矛盾。巴黎东京宫试图推出愿景强烈并服务于公众的项目，但它们是否服务于艺术却不得而知。我们甚至不知道它们是不是在利用或者滥用艺术，是不是为了发展软实力，是不是为了展示一些具有精神性的作品。这些都是我们今天所面临的，更是需要我们共同探讨的问题。

首先，给大家展示的第一张图片，这是在研究能否从神话故事中找到更多的解决办法。我们借用一个北欧神话故事来说明：北欧神话故事里面有很多狼，因此人们希望能够发明一根用六种不可能的元素打造的链条来锁住这些狼，即猫的脚步声、女人的胡须、山根、熊的跟腱、鱼的呼吸以及鸟的唾沫。首先我们要考虑的是：找到这些不可能的元素来打造这根链条。在最开始我们需要创意，甚至还需要许多其他因素，但非常重要的一点就是，在开始一个项目时，我们要将很多不可能的元素结合在一起，来创造一个独特的艺术项目。正如托马斯·萨拉切诺（Tomás Saraceno），他通过对蜘蛛的研究创造出不同寻常的雕塑作品。他利用有社会性的蜘蛛，或者模拟蜘蛛吐丝织网的方式，来创作这些网状艺术品（图1）。与此同时他也加入了许多其他元素，将它打造成一个相互连接的系统。现在正进行的某个项目非常有意思也很复杂，很有可能就受到了这种系统的启发。

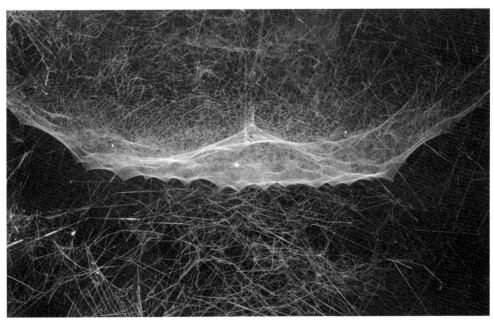

/ 图1 网状艺术品

巴黎东京宫，位于巴黎的第16区的一个被拆毁了的艺术馆，但它被拆毁之后，空间反而更加具有可塑性，于是很多艺术家发现了这个空间（图2）。巴黎东京宫希望以非营利机构的形式展示作品，让艺术家远离文化高速发展的影响，拥有一个相对独立的创作环境。这里有一个为期20多天的"母鸡孵蛋"项目，在这个展览中我们关注的重点是自然的变化（图3）。除此以外，尽管艺术馆的花园规模较小，但我们也会邀请一些艺术家来做驻馆项目，或者办一些小型的时装展等。

/图2 巴黎东京宫

/图3 母鸡孵蛋项目

艺术：钢铁之都的蝶变　　Urban Transformation Through Art

巴黎东京宫有一个晚宴厅，里面会举办一些大秀和一些演艺活动。一些街头艺术家也跟我们合作，这里会有一些很有意思的音乐。我们大楼的正面就有件作品，它是一位西班牙艺术家两周前刚刚完成的，这是非常有意思的概念性街头艺术（图4）。而在东京宫的地下，也有一位街头艺术家在这里进行了创作（图5）。托马斯·萨拉切诺则做了一个类似学校的空间，改变了进入东京宫的方式，使这个空间变成了一个自由空间。作品由5万个轮胎构成，工程量非常大，而在这一大堆轮胎中有图书馆，也有播放视频、电影短片的空间，更有一些工作的空间，观众每天都可以在这里讨论（图6）。更有意思的是这里面有一束火焰，在5万个轮胎当中有这样一个火焰装置，这确实是一个很复杂的项目。由于这个空间是免费的，在3个月里吸引了世界各地的观众。而且我们还在这里安放了一个小酒吧，酒很便宜也很实惠，也是吸引观众的一大亮点。

/ 图4　概念性街头艺术

/ 图5　街头艺术家作品　　　/ 图6　学习者在托马斯·萨拉切诺营造的空间里进行讨论

同样，我们也可以来看一些上了级别的博物馆，这里我们就以奥赛博物馆（Musée d' Orsay）为例（图7）。这是一个非常好的博物馆，因为外观看起来很有讲究，但这也是一个传统的博物馆，看上去就像个神庙一样。很多博物馆看上去都是这样，当你走进博物馆，就像走进个神庙一样。所以我们在建造自己的博物馆时，要试着将博物馆尽量做得更简单、更亲民，更方便观众走进去，观众走进来的时候不会因为博物馆的壮丽巍峨感觉到胆怯。尽管我并不反对这样壮丽神圣的博物馆，但有时候有些博物馆比较以自我为中心，认为外观形象就是一切，这样未免太脱离观众，例如阿布扎比博物馆就给人一种距离感（图8）。

/ 图7　奥赛博物馆

/ 图8　阿布扎比博物馆

托马斯·萨拉切诺设计的这个博物馆理念很有意思，它就是个很好的例子，是让我们想要去亲近的博物馆。其实在几年前他就想做这样一个博物馆了，他想把博物馆建在巴黎一个很穷困的街区，于是他就去找这个街区的人，跟他们说我想在这里搞一个小博物馆来展示毕加索和蒙德里安等大师的作品，但想请大家好好保护它们。于是他就用纸板做了这么一个建筑。这是一个很好的与居民互动的方式。所以我们的博物馆不是为了建造成一个多么漂亮的大楼，不是为了与居民隔离开，而是要让居民与博物馆互动、交融在一起（图9）。

/ 图9　博物馆与居民互动

而且博物馆也体现出大家对艺术感兴趣。我们拥有着各种各样的可能性，技术让很多事情成为可能，而这样观众也开始逐渐关注到我们。艺术家可以创作出一些非同寻常的作品、一些很重要的作品，甚至是很难创作、很昂贵的作品，比如说像泰特现代美术馆的作品，也是我们巴黎博物馆的展品。它们都是一些很优秀的作品，但这样的作品会引起大家的疑问，而这个疑问并不在于作品或艺术家本身的质量，或者观众是否认同——事实上，观众也都很喜欢——问题仅仅在于大家现在还能否再去热爱一个仅有20厘米×20厘米的小尺寸作品。同时，我们也并不是想要通过创造这种体积巨大的作品来显示我们的力量（图10）。"大"的定义并不仅仅如此。

这种作品的制作流程和成本都非常的高,这也是一种"大"。大家可以看到三个工厂,要有中国的工厂、法国的工厂在一起,才生产制作出相应的部件从而组成这件作品。这件作品有一个很有意思的概念,只是这件作品又大又复杂(图11)。

/图10　泰特现代美术馆的作品

/图11　三个工厂的作品

这些都是特别了不起的作品,比如像多哈的艺术作品(图12),让人叹为观止,在之前的年代恐怕是无法想象的。但这是为了显示力量吗,还是为了显示欲望,还是追求美?并不是。我们确实看到了一些了不起的作品,但有时候大家也有一些疑问。

/ 图12 多哈艺术作品

这是我喜欢的艺术家托马斯·萨拉切诺的作品，我在思考我们是否还有可能做一点小东西。在2000年的时候，他和周围的人合作在纽约做了一件作品，也是在一个比较破落的社区，他和当地社区的人解释自己为什么要做这个项目，在做这作品的时候怎样打灯光，怎么向过去的哲学家致敬（图13）。大家可以对比一下这两件作品，虽然不同，但它们都有各自存在的必要。

/ 图13 托马斯·萨拉切诺作品

除此之外，我们还可以考虑更多关于艺术的问题，还有关于自然的问题，例如日本著名雕塑家的这件作品，他在森林里雕刻了一万个佛像，然后在日本各地巡展，让人们来静坐，思考自然（图14）。我们还可以提出其他很多的问题，比如说我们和宇宙的关系。宇宙是怎样呼吸的？大家可以看到作品有的体量大，有的体量小，这是艺术家对于"创世"的一个诠释（图15）。大家可以看到这些体量并不大的作品，其意义却是非常深远的，而且是非常精致的，也是我们与历史遗产、文化传承之间的一种对话。比如《黑方框》这件作品（图16），我们能不能够让大家也进行沉思，或许这并不容易，但是我们应该去做。我们都会问这样一个关于美的问题：现在有那么多体量巨人的作品，它们是否有责任显得美，还是只让它们显示力量？

/ 图14　日本雕塑家作品

/ 图15　体量小的作品

图16　作品《黑方框》

这个物品有 15 000 年的历史（图 17）。所有关于美的问题都是重要的问题，我们生活的时代充满了矛盾。大家既崇尚力量，又要说服观众。我们需要有一种欲望，要把那些很难说明的作品概念传达给观众，而且有些东西并不是简单的娱乐，它有更深邃的意义，有些甚至是很尖锐的。我们到底是做一个艺术公园还是做一个游乐场，我们要问自己这些问题，与此同时也要考虑到底要把艺术推向何方。

/ 图 17 有 15 000 年历史的作品　　　　　　　　　　　　　　　　　　　　　　　　　/ 图 18 移山项目

最后一件作品也非常有意思，我们面对一座大山的时候是怎样的？这是 2002 年一位墨西哥艺术家在秘鲁做的一个移山项目（图 18），对于当代艺术的建设与发展，其实我们现在做的工作也就像移山一样。

艺术：钢铁之都的蝶变　Urban Transformation Through Art

　　乌特·梅塔·鲍尔是新加坡南洋理工大学当代艺术中心CCA创始馆长，艺术、设计与媒体学院教授，曾任麻省理工学院副教授（2005—2012年），担任美国麻省理工学院艺术、文化和科技项目的创始主任。2012—2013年，她担任伦敦皇家艺术学院美术学院院长。鲍尔拥有三十年的展览和演讲策展人经历，一直致力于将当代艺术、电影、视频和音频以跨学科的形式结合在一起，自1996年起担任当代艺术教授。她曾担任第十一届卡塞尔文献展的联合策展人，第三届柏林当代艺术双年展艺术总监，以及挪威当代艺术办公室创始主任。2015年，她与麻省理工学院视觉艺术中心主任保罗·哈（Paul Ha）共同策划了第56届威尼斯双年展的美国馆，展出了著名艺术家乔安·乔纳斯的作品。2015—2018年，她担任TBA 21 Academy The Current项目的首位科考队长，负责调查太平洋及其群岛气候变化和人类干预的影响。

乌特·梅塔·鲍尔

　　Ute Meta Bauer is Founding Director of the NTU CCA Singapore and Professor at School of Art, Design and Media, Nanyang Technological University (NTU), Singapore and was prior Associate Professor (2005-2012) at the Massachusetts Institute of Technology (MIT), Cambridge, United States where she served as Founding Director of the MIT Program in Art, Culture, and Technology. From 2012 to 2013, she served as Dean of Fine Art at the Royal College of Art, RCA London. As a curator of exhibitions and presentations with three decades, Bauer has been devoting herself to connect contemporary art, film, video and sound through transdisciplinary formats, and been a professor in contemporary art since 1996. She was Co-Curator for Documenta 11, Artistic Director for the 3rd Berlin biennale for contemporary art and Founding Director of the office for Office for Contemporary Art Norway. In 2015, she co-curated with Paul Ha, Visual Art Director of MIT List Centre, for the US Pavilion at the 56th Venice Biennale, Italy, presenting works of eminent artist Joan Jonas.

　　In 2015 to 2018, she served as the first expedition leader for the TBA 21 Academy The Current project, engaging in the impact of climate change and human intervention, in the Pacific Ocean and its Archipelago.

比钢铁更强

Stronger than Steel

乌特·梅塔·鲍尔　　Ute Meta Bauer

摘要：本文通过介绍在过去 20 年当中全球稳步上涨的双年展和三年展的情况来讨论展览的艺术生态运作系统。基于一些典型的双年展和三年展情况，论述了大型展览的一些问题和现状，如展览规模、展示空间、观展体验、艺术品收藏和收集、展览对当地经济的影响、艺术品的保护措施、展览受众群体等。特别强调了艺术展览不仅为观众带来愉悦的体验，也是对艺术家持续创作的支持，甚至变为固定的旅游景点。形成这样的艺术生态系统，需要去考虑展览空间和艺术形式的多样性以及展览与赞助者之间的关系，并且不能忽视非常重要的小众艺术群体的发展。

关键词：艺术生态；双年展；卡塞尔文献展；艺术体验；艺术展览

Abstract: By introducing the biennial and triennial exhibitions with steady global development in the past 20 years, this paper discusses the art ecological operation system of these exhibitions. Based on some typical biennial and triennial exhibitions, it mentions some problems and current situation of large-scale exhibitions in terms of the scale of exhibition, exhibition space, exhibition visiting experience, storage and collection of works of art, impact of exhibition on local economy, protection measures of works of art and the audience groups of exhibitions. The author specially emphasizes that the art exhibition not only brings a pleasant experience for the audience, but also provides a support for artists' continuous creation, and even becomes a fixed tourist attraction. In order to form such an art ecosystem, it is needed to consider the diversity of exhibition space and art forms, as well as the relationship between exhibition and sponsors; and the development of very important small art groups should not be ignored.

Keywords: art ecology; biennial exhibition; Kassel Document Exhibition; art experience; art exhibition

在过去20年当中,全球的双年展和三年展数量在稳步上涨,现在全球有220多个艺术双年展。在未来的4周内,亚洲就有5—6个艺术双年展要开幕,大型展览的举办意味着会吸引更多的艺术观众,会有更多观众在艺术世界中体验艺术。

世界三大著名的艺术展是:威尼斯双年展、悉尼双年展和巴西圣保罗双年展。然而他们的参展人数却不及亚洲的一些双年展,例如巴西圣保罗双年展,尽管采取了免门票政策,但他们每年的参展人数仍在下降。虽然2013年他们的参观人数达到47.5万人次,可仍面临着许多危机。悉尼双年展的数量在6年里几乎翻了一番,但今年所面临的财政紧缩甚至导致他们无法完成展览目录的制作。但在亚洲,人口庞大的地区,会有更多的人希望看到一些国际性的艺术展,希望有更多艺术体验的机会。例如光州双年展每年大概可以吸引到观众62万人次,是相当不错的数量了。

回到威尼斯双年展,在2001年的时候,欧洲面临文化变革的问题,从图中我们可以看到中村先生(Masata Nakamura)为日本馆创作的作品(图1),其中麦当劳M的logo为大家所熟知,而这个作品正是引导观众探讨文化商品化问题的关键。威尼斯双年展作为双年展之母,它在整个艺术界具有很大的影响力,在2017年的时候,它的观众数量翻了3倍。但你也必须想象这对于同一个空间意味着什么。当然,威尼斯双年展是在威尼斯整个城市中全面展开的。在这里看到的就是英国馆预展日当天,观众在门口排起了长队,要进门都非常不容易(图2),所以这就要求我们去考虑这个空间是否可以容纳这么多人数。

/ 图1 中村先生作品　　　　　　　　　　　/ 图2 英国馆预展日当天

然而,很多的政治家、信托基金会人员及投资者,都希望观展人数能够迅猛增长,吸引到更多的观众。作为馆长,我们应当考虑这个空间是否能承载这么多的观众,也需要非常关心个人观展的体验感,以及艺术家他们参展艺术作品的体验价值。

在过去20年里,世界艺术展览数目增长最快的区域在亚洲,大部分的新项目都是在亚太地区建立起来的。准时举办的亚太三年展与英国国家画廊一样，对于创造更多该地区的艺术是非常重要的。同时也使得许多不能去世界艺术中心进行参观的人们，有机会近距离接触到艺术作品，这也是当前日益增长的展览需求。

这些亚洲的艺术展不仅仅展示整个亚洲的艺术作品，而且加强艺术收藏与收集，进而推动艺术创作。要收集整个世界新创作的作品，使其成为艺术馆馆藏的作品，让下一代的观众能够参观到这些展品，所以，艺术展览和艺术收藏是要同时进行的。

与此同时，我们也看到很多美术馆也在举办双年展，例如惠特尼美术馆（Whitney Museum of American Art），这样的展览同样帮助他们吸引更多的观众。新加坡双年展也将展览设立在美术馆内（图3），吸引观众重新回到馆中，这样不但提升了艺术在这个地区的地位，也吸引了一些新观众到艺术博物馆来参观。

/ 图3 新加坡双年展

下面讲到文件以及建档的问题：在2002年的时候，我和弗朗西丝·莫里斯交流过有关美术馆的空间和建筑的问题，其实它们往往没有办法承载过多的观众，这对于馆长来说也是一个非常棘手的问题。1955年卡塞尔文献展第一次在二战后的德国举办时，是德国艺术重新和世界各方建立联系的时候。如今，在这个人口仅有6万人的小城市中，因为一个为期100天的展览，却可以吸引到比人口数高达四倍的参观者前来。在为这个城市带来巨大挑战的同时，也对这个地区的经济做出了贡献。这个每5年举办一次的展览，能够带来超过1亿美元的收入，给予当地巨大收益。但在第14届卡塞尔文献展举办的时候，他们面临了一些危机，观众在上涨到一个顶点的时候就呈现出下降的趋势。而观众人数的变化与当地经济是息息相关的，如果这些来访人数下降，会直接影响到当地的经济。这都是作为策展人和馆长需要考虑的问题。

博物馆的初衷是为了展示，例如卢浮宫和世界其他的博物馆。博物馆在展示的同时，也需要考虑到其保护措施。为了承载100万人次的参观人数，实际上，在第11届文献展的时候，就已经开始采用旧啤酒厂房改造的场地来做展览空间。同时，我们试图限流，让观众在场馆外面等待，以免大家同时涌入一个空间里。这不但保证了博物馆对艺术作品的保护，也能够让在博物馆参观的人有多一点空间和时间来欣赏展览。这样，去考虑如何让大家有一个好的观展体验的同时也能对艺术品做好保护措施。

通过调查研究发现，有55.2%的观众来自旅行者，但本国的观众也是非常重要的。比如说在卡塞尔文献展当中，外国人仅占了30.6%，当地的本国居民仍然占据着很重要的一部分（图4）。第12届文献展的统计数据表明，专业和非专业观众大概各占了一半（图5）。而且很多人是第一次去观展，之后变成了经常性的艺术观众。因此，我们可以通过这个数据，希望未来能够培养一个更为稳定的受众群体。

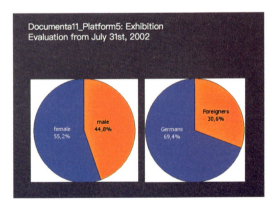
/ 图4　卡塞尔文献展统计数据

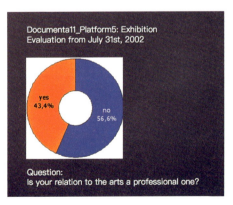
/ 图5　卡塞尔文献展统计数据

2002年，大部分观众主要来自西欧，之后由于展览内容及方式等发生变化，于是在哥本哈根展览的时候，我们看到了很多来自东欧的观众，如今也有很多来自亚洲的观众。大家可以看到，2002年，来自亚洲的人数只占4%左右（图6），但现在发生了很大变化，甚至观众的年龄也有所变化，可以在很多的机构看到类似的情况，但是20—40岁仍然是参展的主要人群（图7）。除此之外，我们还调查了能在一年当中参观艺术文化机构的次数超过1次的参观者，比如说有多少人是第一次参观这样的展览。我们还可以发现有大约有10%的观众会选择在这个地方待一个星期去参观艺术展，这项调查结果跟威尼斯双年展很接近。去这些展览的人知道，他们往往是需要多花一点时间，才能充分体验这些大的展览。调查中，我们也会询问他们是否喜欢这个展览？尽管媒体们给出了颇为负面的评论，但从社交媒体上收集的反馈来看，并没有那么差（图8）。还有一个值得关注的问题是资金的问题，大众认为，我们应该吸引一些私人赞助，然而有的公司觉得好像与儿童、教育等方面合作会有助于提升公司的社会责任形象，但是并不一定会选择投资艺术，我个人认为这种调研还是值得探究的。

以下是对现当代美术馆的调研。蓬皮杜艺术中心（Pompidou）从2004年到2016年人数上升了3倍（图9）；美国当代美术馆（MOMA），在2016年观众达到280万人次（图10）；惠特尼美术馆（Whitney）在迁址以后，馆内空间面积变得更大，参观人数也在3年之内翻了3倍（图11）。

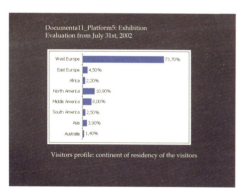
／图6 2002年文献展观众居住地统计

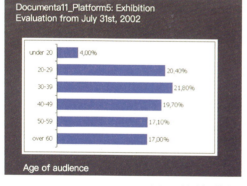
／图7 观众的主要年龄段

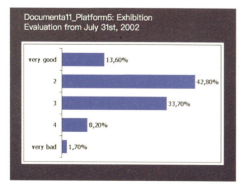
／图8 社交媒体上收集的反馈

／图9 蓬皮杜艺术中心参展人数的变化

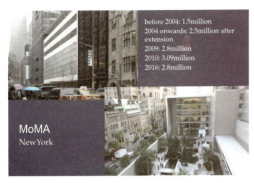
/ 图10 美国当代美术馆MOMA参展人数的变化

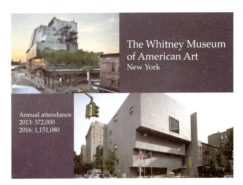
/ 图11 惠特尼美术馆参展人数的变化

泰特现代美术馆（TATE）的弗朗西丝已经提到他们一开始预测观众一年能有200万人次，结果第一年就达到了500万人次，到2010年已经超过了700万人次，现在还有一个新的二期展馆，观展人数超过了844万人次（图12），这一年的观展人数几乎超过了新加坡的人口数量，因此这种规模已经是又上了一个等级。那我们必须要问：这对于所在的社区，对于基础设施，对于交通等，都会带来什么样的影响呢？我们现在可以说在讨论这个问题时必须考虑得更加全面和复杂，因为一个机构的发展不能够完全与世隔绝，一定要考虑到类似于交通、周边住宿等情况。

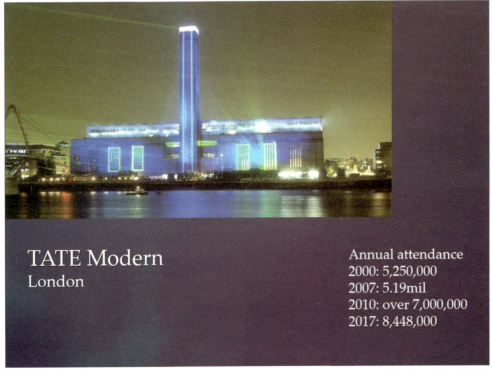
/ 图12 泰特现代美术馆参展人数的变化

再看一下地区的艺术博览会，也是很有意思的。巴塞尔艺术博览会可以在人口只有20万人左右的城市，通过3—4天的展览时间吸引10万人次的观展人数（图13）。

/ 图13　巴塞尔艺术博览会

最后，在这里简单地介绍一下新加坡当代美术馆。这里曾经是一个军事基地，一些英国的兵营曾在这里驻军，入口处并不大（图14）。在2003年举办新加坡国际艺术展的时候，它的概念设计改造也有受到北京798艺术区的影响。如今，不管是对观众来讲，还是对我们自己来讲，艺术展览都可以为观众带来一个愉快的体验。同时，我们也希望艺术家能够在这里持续他们的创作，给馆内带来更多创新空间，而不是把这个地方变成固定的旅游景点。除此之外，还有空间和艺术形式多样性的问题，这就要求我们在利益的大空间中需要考虑和赞助者之间的关系。同时，我们也不能忽视一些非常重要的小众艺术群体，有时候他们或许没有那么多的财力物力，我们需要为这些艺术家提供一些空间来支持他们持续创作。最后，我希望能够良好地维持这样庞大的生态运作系统，创建一个真正面向且服务于观众、维持艺术健康发展的生存空间。

/ 图 14 新加坡当代美术馆

艺术：钢铁之都的蝶变　　Urban Transformation Through Art

　　1944年，丹尼尔·莫凯出生于法国滨海夏朗德省的罗驰福特苏尔梅尔。1961年，他搬到巴黎，成为一名记者。他曾在国家大剧院崭露头角，也在雅克·德米的电影《柳媚花娇》中参演。1965年，他进入剧院并创建了第一个巴黎咖啡厅剧院。1967年，他遇到了艺术家伊夫·克莱因的遗孀——罗塔特·克莱恩，并与之于1968年结婚，由此了解伊夫·克莱因。1968年，丹尼尔·莫凯开始研究伊夫·克莱因的著作并沉迷其中。1982年，丹尼尔环游世界，向博物馆、策展人、画廊宣传伊夫·克莱因的作品，在世界各地组织了40多个回顾展，并成为伊夫·克莱因及其代表作的重要传播者。1996年，他在巴黎蒙巴纳斯地区组成立了伊夫·克莱因档案馆。他出版了许多关于伊夫·克莱因及他的母亲玛丽·雷蒙德的目录和专题作品，还有罗塔特的作品，她本身也是个艺术家。

　　Daniel Moquay was born in 1944 in Rochefort sur Mer, in Charente-Maritime – France. From 1961 he moved to Paris, where he discovered the job of journalist. He made appearances at the TNP (National Popular Theater) or in movies like Demoiselles de Rochefort by Jacques Demy. In 1965, he got into the theater and created the first Parisian café-theater. In 1967, he met Rotraut Klein, the widow of the artist Yves Klein, whom he married in 1968. He soon discovered that he immersed himself entirely in the world of Yves Klein, deciphering and listing all his writings, fascinated by the diversity of his work. In 1982, Daniel travelled all around the world, multiplying trips to make Yves Klein's work known to museums, curators and galleries, participating in many international biennials. He initiated, assembled and organized over 40 retrospective exhibitions throughout the world and became the essential interlocutor of the work of Yves Klein, and his main representative. In 1996, he gathered, organized and installed the Yves Klein Archives in the Montparnasse area in Paris. He published many catalogs and monographic works on Yves Klein but also on his mother, Marie Raymond and on the work of Rotraut who is an artist as well.

丹尼尔·莫凯

新世界的需求

Needs of a New World

丹尼尔·莫凯　　Daniel Moquay

摘要：本文通过介绍伊夫·克莱因的艺术生涯及艺术作品，重新审视他艺术作品的价值与影响，再探讨作品背后的内涵并反思当下艺术世界的发展。尽管艺术市场蓬勃发展，但是仍应当把市场与艺术史分别开来，同时博物馆作为主要的艺术教育场所，仍应当继续发挥其主要职能与作用。城市和国家也必须认识到，当代艺术与书籍、音乐等多媒介传播方式，具有同等重要的价值作用。

关键词：伊夫·克莱因；当代艺术；博物馆

Abstract：By introducing Yves Klein's artistic career and art works, this paper re-examines the value and influence of his works, explores the connotation of his works to reflect the development of the current art. Despite of the vigorous development of art market, the market should be separated from art history. Museums, as the main places of art education, should continue to play their main functions and roles. It is necessary for cities and countries to recognize that the contemporary art, like many media in transmission such as books and music, offers an equally important value.

Keywords：Yves Klein; contemporary art; museum

艺术：钢铁之都的蝶变　Urban Transformation Through Art

在从事艺术行业的 50 多年中，通过对伊夫·克莱因的深入了解与研究，让我重新审视了当下的艺术世界。本文将通过对伊夫·克莱因的创作背景及作品的研究，以及相关艺术家的作品展示，试图向当代艺术世界提出问题，探讨当代艺术与艺术史论的发展方向。同时，在如今庞大的艺术品交易市场中，找到艺术真正的价值与作用，同时也应当重视艺术教育对社会的影响。

尽管伊夫·克莱因在 1962 年（年仅 34 岁）就逝世了，但在他从事艺术不到 8 年的时间里，却创造了大量的艺术作品。他的单色画及虚空哲学不仅开启了观念艺术的先河，也影响了 20 世纪以后的艺术发展。研究伊夫·克莱因，不仅是对他艺术的研究，也是对他艺术中含有的精神性问题的研究。

这里还要提到两个我一直非常喜欢的艺术家，一个是德国当代艺术家昆特·约克（Günther Uecker），一个是法国亚裔艺术家李乌凡（Lee Ufan）。我们一直在筹办他们的展览，未来也希望他们可以来到亚洲进行巡展。

今天早上已经谈到了工业遗址会有怎样的发展，会带来什么变化，而艺术的复兴无法绕开艺术精神性。这作为今天探讨艺术问题的重点，同时也体现在这三位艺术家的创作思考上。当我们参观一个艺术馆时，应该引导观众去了解艺术作品背后的精神是什么，也要传达一个不同的世界给年轻的一代人。

伊夫·克莱因创作了许多的作品，他作品中的蓝色被人们所熟知。然而坦诚地说，人们仅仅能在全球 20—25 个顶级的博物馆中找到他的作品，这也使得想要了解他艺术作品背后的意义变得更有必要。伊夫·克莱因曾在日本待过一段时间，很喜欢柔道，在日本的 15 个月里，他练就了柔道的最高级，成为一名黑带选手，而这对于欧洲人来说往往是很难的（图 1）。在日本的时间，让他的艺术受到了东方禅学的影响，因此在研究他作品的时候，就更应当关注他艺术的精神性问题。

/ 图 1　伊夫·克莱因在练习柔道

如今每年艺术界的经济产出已经高达460亿美元，琳琅满目的艺术展览吸引着人们去走近艺术，然而我认为更重要的是让人们感受到艺术。艺术本身就是试图感受某种东西，很多艺术家也是在通过不同的方式来表达自我感受。

市场的新兴推动着艺术的发展，但是还应当与艺术史区分开来。就我个人而言，经过50多年的实践、约50次展览以及在国际上许多书籍的出版，我必须承认博物馆对我的影响越来越大，因为博物馆提供了唯一的价值，并且我相信世界各地的绝大多数人都对博物馆感兴趣。大量的展览可以证明这一点：成功的衡量标准是数以百万计的观众。博物馆更重要的也是让大家充分感受艺术，增强其艺术教育的作用。

这里有一些伊夫·克莱因的作品可以帮助大家更好地理解艺术精神性的问题。伊夫·克莱因在德国博物馆的一次展览中，利用火做了一个具有创造性的作品（图2）。在《人类学》（*Anthropométries*）这件艺术作品中，克莱因使用蓝色油漆覆盖在裸女模特身上，并将她们放置在画布上进行制作。他不间断地工作了6—7个小时，完成了80多幅作品，当时邀请了两个模特，左侧的菲利纳（Filina）和右侧的金约恩（Ginyon）（图3）。意大利收藏家所收藏的作品被认为是他后期的一个主要创造，他用类似机器的形状来完成创作，在顶部用了蓝色的颜料，整个作品都是有关艺术精神性的。除此以外，在赠与意大利著名作家迪诺·布扎蒂（Dino Buzzati）的一件作品则代表了艺术的非物质性，艺术作为一种金钱交易的方式，艺术品则代替了金钱。正如安迪·沃霍尔的美元标识一样，都是具有非物质性的。假如你有500美元，那么就需要相应等价的金锭进行交易兑换。我们都知道金子是来自于自然的，所以克莱因希望它们回归自然，于是这样的一个过程被当作是非物质性的交易转换。那么如果把钱给了克莱因，他会给你一个收据，这个收据就等同于金子，有了这个收据就必须做出实实在在的东西，于是克莱因烧毁它，将它投入塞纳河中，让这种有形的东西转化成无形的东西，让它重归自然（图4）。

/ 图2 创造性的作品　　　　　　/ 图3 作品《人类学》

/ 图 4　克莱因的收据

李乌凡则是一位非常有灵性的艺术家，他的这件作品非常像克莱因的单色画（图 5）。然而李乌凡不仅仅局限在蓝色，还用了大概有 10—15 种不同的颜色。德国艺术家昆特·约克的作品同样充满精神性，今年 88 岁的他生活在德国杜塞尔多夫，仍然坚持着创作。我们也希望他们的作品有朝一日可以来到上海。在最后一幅昆特·约克的作品中，我希望让大家明白如何与艺术共生（图 6）。

/ 图 5　李乌凡的作品　　　　　　　　　/ 图 6　昆特·约克的作品

如何与艺术共生是一个复杂的问题，比如在讲述单色画的时候，不仅仅是说艺术家带来了什么东西，而是试图去引导观众欣赏并理解这个作品。因此，对于艺术家来说，如何传达他想要表达的东西，要比呈现在艺术品表面的东西更为重要。克莱因的作品超越了艺术本身，还传达了虚空哲学，在他的非物质艺术作品中就可以感受到虚空。克莱因在他30岁的时候，在巴黎的一个画廊创作了一个叫《虚空》（*The Void*）的作品，他在画廊里面住了几天，试图表达他对画廊的感受，于是他的画作是全白色的。他占据着整个空间，试图用感官去感受。他对虚空的理解源自他对宗教的认识，尽管克莱因是一个天主教徒，但是他在日本的经历让他深受东方禅宗的影响，他的很多作品中也体现了他对虚空的全新认识。

李超，1962年生于上海，毕业于中国美术学院，获博士学位。现为上海大学上海美术学院院长助理、美术史论系系主任、教授、博士生导师，刘海粟美术馆副馆长，中国美术家协会会员，上海美术家学会理事。2009年获首届"中国美术奖"。

Li Chao, born in Shanghai in 1962, graduated from China Academy of Art, PhD. Currently he is the assistant to the dean of Shanghai Academy of Fine Arts (SAFA), the director of Art History Department of SAFA, also the professor, doctoral supervisor of SAFA, the deputy curator of Liu Haisu Art Museum, a member of Chinese Artists Association, and the council member of Shanghai Artists Association. In 2009, he won the first Award of China Fine Arts.

李超

艺术资源、艺术资产和艺术资本的三次转化
Three Transformations of Art Resource, Art Asset and Art Capital
李超　　Li Chao

摘要：本文通过以卢湾之弧为例，立足上海国际都市特有的历史文脉，以库化（数据库）、馆化（博物馆、美术馆）、业化（艺术产业生态）为实践路径，通过例证分析说明实现艺术资源、艺术资产和艺术资本的三次转化，提出美术学院应以其独特的创意资源与城市发展对接，在保护文物历史和传承历史文化的基础上，利用科技多媒体等多种方式发展艺术之城，完成上海全球核心城市的文化竞争力的提升。

关键词：文化；艺术资源；数据库；艺术生态；转化

Abstract: With Arc of Luwan as the example and based on the unique historical context of Shanghai's international metropolis, this paper takes accumulation (database), museum (museum and art gallery), and industrialization (art industry ecology) as practical paths to illustrate the three transformations of art resources, art assets and art capital through exemplification analysis. It puts forward that the academy of fine arts should connect with urban development by its unique creative resources, and use multi-media technology and other ways to develop the city of art to promote cultural competitiveness of Shanghai as a global core city on the basis of conserving the cultural relics and inheriting the history and culture.

Keywords: culture; art resources; database; art ecology; transformation

钢铁之城的蝶变，不仅仅是为了保护现有的工业遗产，也是为了复兴区域经济生活。这个转变不仅是对工业架构的保存，也是人文记忆的输入和多种价值的叠加。

上海作为一座国际化城市，城市的发展也必然伴随着历史和文化的进步，它不同于纽约、东京、巴黎各大城市，上海具有独特的历史性和传承性，是一座拥有150多年工业发展历史的名城。钢铁之城的转变不仅留下了工业文明发展的遗迹，也保留着历史文明记忆的遗址，并用文化地带的方式呈现着。然而，中国古人说任何的善事一定是刚柔相济的，在考虑钢铁之城的刚硬之时，也应当考虑钢铁之城柔的一面，这就需要与城市软实力相结合。

今天的话题将以上海南部的一个文化地带为例，将目光聚焦在卢湾之弧，通过探寻它的历史渊源、历史演变与发展，与吴淞的"锈带"形成南北呼应。未来上海美术学院也将在钢铁之城中建造一个关于中国近现代艺术文献的博物馆，承载和传承这段独特的文化记忆。而这段记忆很可能就是隐形、柔性的，与钢铁之城的硬产生鲜明的对比，却又形成了相互融合的全新关系。

钢铁之城向艺术之城的转变将面临许多新挑战与新问题。今天的讲座中涉及几个主要的问题：建造这座全新的艺术之城，构建新的艺术生态时，如何吸引到更多的观众？在建立一个新的中国现当代艺术品的评价体系过程中，如何建立数据库，或者建立新博物馆，又或者如何形成一个新的艺术生态？这也是美术学院作为学科建设主要关注的问题点。

吴淞国际艺术城的建设，核心词是"转化"，在具体的案例中，选择一个有效的有经典背景的艺术资源，进行艺术资产的配置，然后通过艺术产业化、艺术金融化的外向型拓展，实现艺术资本的再利用、再影响。因此，上海宝山钢铁之城的转变，艺术之城的建造，都将成为文化记忆的载体，未来将被记录在新的文献博物馆中。这里我们就需要进一步探讨如何在未来的艺术之城中建立一个全新的艺术生态有机体，并将历史文化有机地融合在一起。

一、卢湾之弧——上海近现代美术资源聚焦

首先，过去的上海，在开埠不久的地图上，还保留着最初的租界痕迹。从上海的老城厢到法租界的边缘隐藏了一个类似于弧线的地带（图1）。接下来将目光转向现在的上海地图，学院的工作团队通过做一些田野调查发现，20世纪初期中国近现代有很多一流的艺术家很喜欢在这个地带生活、教学、传播、展览。这里没有工业园区，也没有所谓的艺术家村，但艺术家们通过他们自身的互相联络，选择聚集在此处。于是，调查研究通过建立数据库的方式，从东起靠近上海的老城厢，向西到卢湾的尽头，也就是靠近徐汇的地带，以物的形式来做原数据的采集，收集与艺术相关的历史实物。例如，围绕着陈澄波在上海时期的活动轨迹，可以梳理出其相关

/ 图1 上海原卢湾地区的地图印记

/ 图2 艺术空间路线

的艺术空间路线（图2）。

二、"库"化——艺术经典向艺术资源转化

艺术作品、手稿、明信片等都作为文化记忆的载体，记录着上海整个近现代美术相关的发展。在卢湾之弧我们发现了许多珍贵的历史遗迹，这其中包括印刷类与非印刷类的文献，这些作品和历史遗物都与这个文化地带息息相关。这些作品同样也帮助我们发掘这里的故事和历史。例如，著名画家陈澄波和潘玉良在艺苑同期创作的《戴面具的裸女》（图3），经过调查研究发现，它们都是在上海卢湾的一个工作室里完成的。尽管潘玉良的作品已经无处可寻，但是通过数据和陈澄波的作品，

/ 图3 潘玉良《戴面具的裸女》（左）陈澄波《戴面具的裸女》（右）

我们还是可以追溯到她的创作历程。

同时，我们在卢湾文化带追踪到一些重要艺术家创作的作品，试图通过鉴定和修复的路径，追踪查询历史，来创建这个数据库。例如：1924年潘天寿画的一幅作品在2013年被中国台湾地区高雄正修科技大学艺术品修复部门进行修复，这也需要我们去修复的现场实地考察（图4）。

/ 图4　高雄正修科技大学艺术品修复部门展示作品原作

卢湾弧线文化地带保留了一些重要的历史建筑遗迹，它们都是重要的历史人文记忆（图5）。同时，这个地区还有一些相关的文化产业，如专门做艺术礼品、文创产品的精诚工艺社、上海美术用品社。

/ 图5　历史建筑遗迹 1—6

三、"馆"化——艺术资源向艺术资产转化

多年来，我们一直扎扎实实地在做这些文献的梳理、整理，也发掘到一些新的文物和重要名人的题字。"都市美术资源"从库化形态（数据库）向馆化形态（博物馆、美术馆）发展的过程包括了对历史建筑形态、美术馆形态、学院形态等空间载体的研究，实现从学理研究向具体实践的对位。

例如在对上海美专旧址的保护上，上海美术学院的团队通过积极地参与呼吁，守护了这座大楼（图6）。上海美专素有中国美术界的"黄埔军校"之誉，在中国近代美术史上具有十分重要的地位。近代许多美术家，如朱屺瞻、唐云、关良、王个簃等先后在此执教，潘玉良、徐悲鸿、李可染、程十发、来楚生、赵丹等毕业于此。这座大楼作为中国美术之根，是卢湾之弧的重要遗址，它不但浓缩了中国20世纪前期的历史记忆，也保留了很多珍贵的历史数据。我们对这些遗存之物取证，建立数字化的大数据，为日后建设新的艺术博物馆做好基本的学术准备。因此，馆化的作用就是资产评估、收藏定位，同时要有意识地为全校、全社会提供知识服务。

/图6 上海美专旧址　/图7 情景对照之新普育堂1929年、2014年

四、"业"化——艺术资源向艺术资本转化

"业"化的问题很简单，既然有这么丰富的文化记忆糅合在艺术城这个综合的艺术业态里，那么第一步要实施的就是形成一个记忆产品，制作一些与上海美术学院最密切相关的记忆的产品，能够代表上海城市文化历史底蕴的产品。这就需要把这些产品纳入整个公共服务当中。在上海市社会科学创新研究基地，我们进行的是"都市艺术资源与公共文化传播研究"，我们收集最真实的声音和最真实的数据，通过采取一个情景对照的公共识别活动，让学生和艺术家们参与到寻根之旅中。2014年我们重新回到1929年中国第一次举办全国美术展览会的地方——新普育堂（图7）。明复图书馆三楼（黄浦区明复图书馆）是中国著名的私人图书馆，这里曾举办过许多活动，也是1931年艺苑绘画研究所第二届展览会的会场（图8）。1926年创办的新华艺术专科学校旧址，在抗日战争时期被日军的炮火炸毁，2014

年的时候我们带着很多的校友及后人到这里,让他们带着寻根的心情在这里留念,尽管学校已经被炸毁,但在如今新建立的社区里依旧能找到当时的一些痕迹(图9)。

/ 图 8 情景对照之明复图书馆三楼 1931年、2014年

/ 图 9: 情景对照之三 新华艺术专科学校旧址 1937年、2014年

同时,我们还参观了著名的上海美术专科学校的旧址,这个楼梯处是每届毕业生拍照留念的地方(图10)。

/ 图 10 情景对照之上海美术专科学校旧址 1925年、2014年

现在,在刘海粟美术馆中,我们试图拓展校友识别的体验,阵容正在不断地扩大。通过记忆识别,提出"照片上的你,现在还好吗?",试图让照片上的艺术家与美

术馆建立一定的联系。例如这张上海美专最著名的照片，拍摄于1933—1935年的某个冬天，是当时第17届西画系师生合影（图11）。我们在上海档案馆保存的上海美专档案中找到了这张照片，而且现在照片上的3位老师、18位同学及1位模特（共22人）也逐步被识别并被收录在美术馆档案中，他们形成了公共的记忆识别群体。我希望未来在国际艺术城里，也可以通过这样的方式建立一个跟上海整体文脉息息相关的记忆体系。这里面不仅包括对工业遗址的记忆，还承载着上海美院在这条文脉记忆体系中成长的历程回忆。通过科技互联网等多种技术，多媒体的方式，帮助我们逐步完成对文化的传承与保护。

/图11 第17届西画系师生合影

卢湾之弧，这个位于上海另外一端的文化地带，它代表了上海百年文脉最精华的一段文化记忆。如今我们利用数据库、博物馆和未来艺术城的艺术业态，要将这些珍贵的文化记忆保存并且活化到我们的艺术城中，从而实现真正的产学有效转化。

讨论环节二
Discussion Ⅱ

讨论嘉宾：
Ute Meta Bauer（乌特·梅塔·鲍尔）
Daniel Moquay（丹尼尔·莫凯）
Jean De Loisy（让·德·卢瓦西）
Frances Morris（弗朗西丝·莫里斯）
方晓风（Fang Xiaofeng）
李振宇（Li Zhenyu）
徐　妍（Xu Yan）
徐明松（Xu Mingsong）

主持人：
李龙雨（Yongwoo Lee）

/ 李龙雨（主持人）

现在，大家可以对讨论嘉宾或演讲嘉宾提出问题，也可以发表自己的观点。首先我们先请参与讨论的嘉宾向发言者们提问。

/ 李振宇

我要说的是艺术产业如何吸引观众。讲到产业时，在英文中是常常意味着要有经济效益的，中文相对英文来说其意义有一定的差异。在上海，对一些工业遗产进行再造的市场需求是很大的。去年，与上海国土规划局合作的项目，吸引了 23 000 名观众。以及像 K11 这样的大商场，也通过展览的形式吸引了大量的观众。

由于市场本身有很难控制的自身规律，所以会导致一些扭曲现象。昨天，中国所有的新闻都报道了一个消息：一位空姐，在乘坐网约车时被杀害。大家从电视上了解到这个事件，可第二天在社交媒体上却发生了特异现象，警察在搜捕嫌疑犯时，大家为了给嫌犯发谴责的话语，都向他的支付宝账户发一分钱，甚至还有人给他发 1000 元让他去买棺材。大家通过这种方式来发泄愤怒的情绪，却没有考虑到这也可能会作为嫌犯出逃的资金。由此可见，市场有时会扭曲很多事情。

如今组织的许多艺术活动，很多时候却变成了一个主题公园，由此可见艺术市场面临着被金钱主导的危险。有时为了吸引观众，很多人都在创办新的双年展，可这样就会增加被金钱主导的风险。因此我认为乌特·梅塔·鲍尔的话题就非常有意思，有时为了吸引更多的观众，艺术界就会被金钱所扭曲，但这并不代表我们希望艺术走向另外一个极端。

/ 李龙雨（主持人）

所谓的艺术行业不仅是要创造经济效益，同时也面临着艺术资本化，因为产业在英文中是和金钱息息相关的。

/ 徐妍

本人之前从事了 20 年的法律工作，如今转到城市公共空间设计促进中心，等于从法律领域转到艺术领域。现今我们在筹办明年的城市空间艺术季，很庆幸有机会听到很多艺术行业里的声音，来给予我一些指导。

而有意思的是，我作为艺术的消费者，本不是从事艺术行业的，但由于长期喜爱艺术，所以如今转到了艺术创作者的角色上。乌特·梅塔·鲍尔的演讲给予我们很大的启示。从数字的角度表达看展览的人数，那么观众看的到底是什么？是当作一个活动呢，还是想通过这样的艺术季看到一些什么？能否再多给我一些提示？

/ 徐明松　　这个主题确实值得思考。钢铁之都的蝶变是一个漫长的蜕变过程，充满着痛苦。上午有位嘉宾谈到工业革命至今的 200 年中对工业遗存的再利用却不足百年，这其中充满了矛盾性。如过剩板块所说，过剩给予我们一个很好的发展契机去重新思考工业遗存的价值再生。而工业遗存的价值再生，不完全在于资本与金钱的关系，则应该恢复更本真的东西和更微观的层面，艺术建立起的最关联、最核心的东西是与观众的情感联系，而不是消费主义时代的过剩产物，工业遗存应该是能够看到艺术中使人感动的所在。巨大的建筑空间、博物馆里不断增长的人数、表面或表象上的惊喜，都应该是回到跟观众建立联系的艺术本质中。

艺术介入公共空间后，需跟城市中心建立更深的联系。李超教授所讲的是从另一个层面反映历史文化精神性对建构历史文脉所起的重要作用，软体跟城市更新，或是钢铁之都整个主题的演绎可以有更深层次的联系。

当今不同以往，整个城市的变化与发展历经了很多时代。有因为巨大的公共建筑而带来观光效益的，比如说阿布扎比宏大的博物馆建筑群，硬体的建造不断地冲击我们的视野，越来越要注意作为发展的内在部分的在地性，而在地性是整个钢铁之都蝶变中尤其要关注的。

乌特·梅塔·鲍尔听到几位发言人点评，你是不是有什么要回应的？

/ 李龙雨（主持人）

/ Ute Meta Bauer　　今天弗朗西丝·莫里斯讲述了泰特现代美术馆是如何从一个发电站转变成一个博物馆的，在其转变过程中艺术家发挥着重要的作用，因此无论何时都不能忽视艺术家的力量，要关注艺术家群体的发展和感受。希望艺术家不要成为产业奴隶，应重视体验，不仅是关注经济价值，更要关注艺术对社会反思所产生的重要力量。如果艺术

艺术：钢铁之都的蝶变　　Urban Transformation Through Art

还是要提一提双年展，乌特·梅塔·鲍尔已经给我们讲过，双年展的参展人数以及博物馆的参观人数，按照国际双年展协会公布的数字，现共计284个。别人也常问我一个问题，为什么世界上有这么多的双年展？为什么要建这么多的博物馆？如今我们生活在一个艺术节大爆发的时代，在20世纪80年代，只有5个这样的艺术交易会，而现在，世界上有了近300个电影节。因此可说，世界上艺术性的节日出现了过剩。为什么要有这么多的音乐节呢？为什么在亚洲要搞这么多的双年展艺术节？以及为什么要有这么多的博物馆？我们有时候讲观展人的泡沫，或者说双年展、爵士乐展的泡沫，但都是和资金有关的，可这又和我们现在的数字有什么关系？

/ 李龙雨（主持人）

彻底商品化，批评性与批评作用就会消失殆尽。而从正确的角度来看，为了成为新经济的操作者和运营者，欲望越多预期也就越多，这样会更大地发挥空间、娱乐等方面的作用。

同时，我们希望观众能更多地参与其中，通过展览让更多的观众接触艺术，通过艺术促进生活、提升生活。

中国可以说在任何方面体量都是非常大的，因此也可考虑到艺术观众的数量很多，但与中国总体人数相比的比例还是很小。比如说欧洲300—700万人次的观众已经占总人口的大比例，但对人口基数大的中国来说，观众虽然很多但占比仍很小，因此必须充分考虑不同国家的不同情况和不同的社会变革，再来看与艺术的发展关系。

/ Jean De Loisy 　回到蝶变这个主题，我们所看到的很多双年展要有变革性的作用，这就意味着艺术家本身需要进行变革。这些艺术空间像是一个新的实验，创造了新语言来了解我们是谁。虽有200多个双年展，但也有很多其他的艺术展会，并不是所有的艺术展会都有同样的目标。很多艺术双年展在于进行实验，因此艺术展就有了不同的目的。

可以将参观艺术展会的人数与艺术双年展的人数进行比较，以此创造让艺术家不断探索的实验空间。比如演讲中所谈到的法国或是其他地区的大作品，如果在第一年的时候效果不好，就先做一个，第二年再重新修改，看最终效果。因此这是一个不断探索、不断理解自己作品的过程。1930年，马列维奇（Malevich）不仅用了两年的时间去认识和了解自己的作品，同时也用了很长时间才让自己的作品展出，正因如此，观众才能看到许多漂亮的作品。

/ Ute Meta Bauer 　之前，一个博物馆里几乎空无一人，独自面对这些艺术作品使我很享受，但这种排他性并不好，博物馆和艺术都应是平易近人的。如今有1000个热门的音乐节，可买CD的人数反而下降。如今音乐家的主要收入来源是现场演出，而不再是卖唱片。但艺术家从不在博物馆门票中获得收入，而是从画廊所出售的作品中获取收入，这就是不同行业的差异。

我们并没有真正理解如今正在经历的转变的意义，而且有时转变太快，让人跟不上，在飞速变化中又有很多事是我们常想不明白的。一些知名艺术家有时很感谢我们给予他们相应的空间，让他们可以关上门专心搞创作，由此可见时间、空间都很重要。在文化飞速发展或变革时，并不是要把所有的时间和空间都填满，而是要给予艺术家们所需要的时间和空间。

/李超　　钢铁之城的蝶变实际是我们在探索的一种机制，这种机制从宏观的角度讲，是一个史无前例的尝试，是将艺术教育真正地纳入全民的公共服务体系，从而实现真正意义上的无界，实现打破界限的真正含义。因此这是个历史性的探索，同时也是激励各位集思广益的动力。

中国近现代艺术文献博物馆，让人感到十分亲切，它也是我们团队要为学院增光添彩而奋斗努力的原因之一。实际上这跟刚才说的初衷是相关的，如果艺术教育在今天仅仅停留在一个经典传承的知识体系上，这显然不是面向21世纪的美术学院所要考虑的问题。因为一个优秀的美术学院，是开放的、面向世界的，并一定要在知识的传承里提升自身的办学能力和创新能力。所以，在经典传承的基础上，一定要提升创新能力的培养，更好地使专业和行业有效对接，使学校的创意资源与城市更新的过程更好地融合。而钢铁之城就是整个学院的教学、科研的良好平台。

除此之外，钢铁之城实际是个全生态的艺术问题。当下的艺术教育如何变成一个服务体系？变成一个对社会服务有效的积极的元素或动因？因此从经典传承、文化创意和社会服务三个层面对上海美院提出了新要求，而所谓"蝶变"的"变"字，就是三个层面的转型。

宝钢宝武集团留给了我们实施的空间，为我们提供了重要的历史机遇。但如今，这个空间把话题聚焦在产业，而并非文化建设上。艺术的建设要强调精神性，在机制探索过程中，要有一种非盈利性机构和盈利性机构之间协调、合作、共赢的第三种模式。如今的艺术学理论学科即上海学派，正是把上海这样一个海纳百川、驱动中国近现代美术之变的动力，理解为艺术和经济一体化的进程。

/ Daniel Moquay

在各个国家，大家去学校，那为什么不能都去学习艺术呢？可能孩子们也想知道到底什么是艺术，而如果大家都这样想这样做的话，这应该是可以做到的。我是法国人，在法国，学校里学不到关于艺术的东西，主要是因为法国的文化部长对于世界艺术完全不了解。在法国，我们在接受教育的时候多是学习读和写，好像大家都觉得知识就是书本，那些教育程度高的人就是能读书本的人。

讲到艺术教育就是读过去200年的艺术著作，讲到视觉艺术，那就会讲到印象派艺术，如果只是这样的话，当代艺术家确实很困难。因为大家不把他们视为艺术，所以当代艺术家们就不会受到尊重。因此我们必须要从源头抓起、从教育抓起，而我们一直讲的教育，艺术也必须被包含其中。音乐属于艺术教育，可为什么很多人却忽视视觉艺术，因此视觉艺术也必须纳入艺术教育之中。

如今，我在做克莱因的研究，很多人不认为这是艺术，甚至一些在艺术界位高权重的人也觉得这并不能算是艺术。我们还在为这个苦苦挣扎，过去50年虽然很艰难，但我一直在努力争取。如果不从一开始解决这个问题后面就会很困难，所以必须要让大家在开始读书时就了解到视觉艺术。

当然，他们仍然可以继续学习其他知识，但

确实，在我们成长的过程中，这方面的条件并不好。因此我们常常很羡慕你们，羡慕西方人好像是在博物馆里长大的，羡慕在巴黎天天都可以去参观博物馆，以及了解你所做的关于伊夫·克莱因的艺术解读。

/ 李龙雨（主持人）

是否也可以学学艺术？艺术又不可怕，而且，政府也必须要意识到艺术教育的重要性了。

/ Daniel Moquay　　我也去剧院看戏剧，去看电影，但一开始还是不了解视觉艺术。

/Andrew Brewerton　　这是一个有收获的下午。我们都生活在一个过剩的时代。使我想起英国的诗人威廉·布莱克（William Blake），他曾经在《地狱宣言》中写过："过剩的道路通向智慧之宫（The road of excess leads to the palace of wisdom）。"1751年，他写了很多的诗，但是终其一生并不被认可，他曾经写过另外一个箴言："除非你知道什么是过度，否则你决不会知道什么是足够（You never know what is enough unless you know what is more than enough）。"如果过剩之路能够引领我们走向智慧的宫殿，那么所有的专家，他们希望在智慧宫殿当中找到什么、发现什么呢？

/ Ute Meta Bauer　　我认为艺术教育的话题是对的。我们在学校中有相应的艺术教育，但我的父母总是带我去足球场，从没带我去过艺术馆，也从来没有带我去看过艺术博物馆，所以对我来说，自由的教育非常重要。我作为一个艺术教育者，有时觉得非常羞愧，有的时候我们都是对学生收费的，实际上应该对他们实施免费教育。很多时候，艺术行业能赚很多的钱，比如中国艺术的市场化已经达到了450亿美元的规模，可学生参观艺术馆还是要向他们收费。实际上让他们尽早接触艺术教育是非常重要的，因为更早地接触艺术教育会让人生变得更加有意义。

/ Daniel Moquay　　德国可以说是最能够接受伊夫·克莱因作品的国家。我们在德国的博物馆中做了很多尝试，如果不是德国的博物馆和艺术馆来帮助我们进行展出，可能并没有这么大的影响。在开设艺术画廊后，我们在完整地展出了克莱因生平的很多作品。在办事效率非常高的德国人的支持和帮助下，我们才能够扩大克莱因的影响。

艺术：钢铁之都的蝶变　Urban Transformation Through Art

李老师，您是一位老师，也是一位策展人，如何来回答今天所面临的问题，这实际上是个更大的话题。

/ 李龙雨（主持人）

/ 徐妍　我发现在座的都是艺术家，而我是一个新人。刚才李教授提到"泡沫"，那位提问的老师提出"过剩"，所以我是不是可以理解为艺术家都在担心艺术已经过剩或是已经产生泡沫？因为我现在还是以一个消费者的身份自居，所以仍能保持初心。从上海所办的那么多艺术展来看，即使是对于在商业空间里办的莫奈展等，我们也完全没有这种"过剩"和"泡沫"的感觉。在当代很多人没有宗教信仰，即使有，也没有像以前一般把精神生活作为日常生活的必然组成部分。前面一位演讲者也讲过，带着一种朝圣的心态去看那些大师的作品，或是去参加一些艺术展，那么这280多个艺术季其实并不算过剩。各种宗教活动加起来，比现在所有的艺术活动都多，重点是他们提供了内容和场所。从公共空间设计或自己工作的环境来讲，我们要注重的其实是场所。比如一些好的宗教场所——教堂、庙宇，本身就已经是艺术品。大家来到这样一个场所去跟自己的精神对话，那么这样一个场所的提供和设计都是非常重要的。因此从这种层面来讲，既没有"泡沫"，也没有"过剩"，至少在上海来讲还没有。

/ 李振宇　在艺术产业中，产业可以很好地和艺术来结合，这就是为什么很多老厂房可以改造成艺术空间的原因。在未来，像上海这样的城市中，有很多的工业老厂房、老建筑，我们也将目光聚焦于一些成功的案例。比如说德国、英国伦敦一些成功的案例，他们是如何改造一些老工业空间的，这对于我们来说是很好的机遇，对于艺术策展人和教育者来说也是如此。我们也希望能够吸引孩子到这些空间看展，来接受艺术的教育，这将是历史和当代艺术的结合。

/ Jean De Loisy　对于有些人来说，这可能是进行对比。可有些是不能进行这样的对比的。在欧洲，公共艺术在不断地增加或增长，但听说艺术馆观众的组成没有发生特别大的变化。另外就是朝圣，这个是非常有意思、非常具有精神性的概念。每一次去博物馆，都要重新解读你所看到的作品，对于一个艺术家或一个参观者来说，每一次的重新解读都是新的体验。

/ 李龙雨（主持人）

下面，把提问的机会留给观众，大家如果有任何问题都可以举手。

/ 观众

各位老师，我有一个问题，在说艺术与观众桥梁问题的时候，特别是说到公共艺术的时候，是先出现公共艺术还是先出现公共人群？是公共艺术把人群吸引过来，还是让作品从公共人群里慢慢生长出来？

/ 李龙雨

请哪一位专家来回答一下是先有"公共人群"还是先有"公共艺术"？

/ Jean De Loisy

这个是一个很难回答的问题。一个艺术馆之所以存在，是因为对艺术界有一定的影响。我们之所以请艺术家来做这样的展览，是因为我们希望通过这样做能够对艺术界产生影响，希望通过这个展览，能够振兴艺术界。但是，我们知道很多参观的人都不是专家，很多时候并不能够说服他们，所以这是非常复杂的，展览要做到非常的精确、精锐很困难。很多时候，你很难通过艺术品来引起观众的共鸣，我们需要花很长的时间，通过我们的展览来和观众进行互动，来说服他们。

/ 李龙雨

你是否也能就这个问题来谈一谈你的看法？

/ Frances Morris

在这个问题上，我与他的观点一致，在我们的艺术世界当中，我们是欢迎所有人的，但是是以不同的方式来与不同的人对话，因为我们是做艺术品工作的，我们首先要尊重艺术家和艺术家的作品，然后我们要创造一种语境，让他的作品和更多的观众进行交流。所以说，我们在艺术界当中，我们需要同行的尊重和理解。但与此同时，我们又不能树立一个障碍，阻碍了艺术世界和大众之间的交流，我们要通过艺术教育的项目，通过我们的教学，通过这种公众拓展项目，来打通这两个世界。现在我们越来越意识到，传统的吸引大众的做法常常是单一的，不仅可以告诉公众这个艺术作品是怎样的，还有各种各样的方式让公众参与进来，而且也不能说某一种反应或某一种回复是更加高级、正确的。

/ 李龙雨

双年展也举办了好几届，你们作为创始人、策划者是怎么样来看这个问题的？

/ 观众

我想先回应关于双年展这个问题，我们印度的双年展，主要是由于印度的历史和人的参与历程。我觉得这是我们特别重视的一项工作，也是我们最大的投入，双年展的重点是产生艺术，是希望通过艺术的创作激发社会的思考，接着也引起了很多观众的兴趣，也是一个培养观众的过程。

印度社会和中国的情况有点像，新一代人，他们开始对艺术做出回应。我觉得要从文化入手，让不同的群体可以进行对话，然后搞一些文化项目进行澄清，引起人们的反思：在今天，到底最重要的事情是什么？这些年我们做了大量的艺术的投入，点燃了整个社会多元化的一个新的潮流。

/ 李龙雨

对印度双年展的说法引起了我的思考，我想再问一下，听众有没有什么问题，或者是评论？

/ 观众

我思考的问题跟受众有关。在一些不同于巴黎的地方，我们看到两个变化。在过去的10年中有很多地方，当代艺术只限于小的艺术群体，但是现在是大大拓展了，甚至是进入了大众消费的领域。这也触发了某种焦虑，事情变得比较复杂了，有些地方受众好像已经不再是一张白纸了。就像刚才这位馆长所说的，在看受众问题的时候，到底现在面临的观众是不是同样的观众？是不是去得更频繁了？我们还看到其他的现象，大家的消费方式也都发生了变化，可以说现在看电视的人更多了，因为电视让大家回到了家里，但"东京宫"则是给大家提供了一个场所、一个能聚到一起的地方。

如今受众恐怕已经不是传统意义上的受众，现在的受众要体验当下，而且他们要的是文化，而不是艺术。这是否还是有区别？当代艺术是不是文化？两者之间是什么样的关系？我觉得有的时候受众和艺术不是鸡和蛋之间的关系。现在谈受众，恐怕已经和传统所说的受众不一样了。

/ 李龙雨

这位是今年我们上海双年展的策展人，你刚才所思考的问题，可以让我们在今年的双年展当中找到答案。

/ Ute Meta Bauer

这个问题讲到"过剩"。瑞亚斯·柯姆也讲到了他们的双年展，我没有去看过这个展。这个艺术品是可以去到各个地方，但是很遗憾，受众并不是想去哪就能去哪，这也是印度双年展的问题。我们是在对受众做出影响，但与此同时，我们自己也是有责任的，我们到底呈现什么？我们给观众看什么？怎么给他们看？这是我们的责任，一直不能忘记，我们现在有空间，但是时刻不能忘记这样的责任。

/ 观众

大家都讲得很好，这也是一场思想的盛宴。我想问下在座的各位，我们的谈论都是在艺术以及观众的传统的框架体系下进行的，我们能不能往前看一下，现在变化发生得简直太快了。有些年轻人可能之前从没想过做一名艺术家，但现在在世界各地年轻人都已经习惯了在因特网上进行创作来表达自我。不管是音乐、视频，还是其他的形式，他们并不把自己看作艺术家，但是他们所做的确实是创作性的活动，这等于说是在不断拓展所谓的艺术家的边界。以前讲艺术家都是按照历史的框架和机制来探讨，但是展望未来的话，我们要看到新的挑战。在讨论的时候，我觉得我们要拓展思维，这是我们随着发展要不断思考的问题，并不需要现在回答。

/ 李龙雨

这一节会议就要收尾了，再次感谢各位的参与及所做的互动。

过剩，时代给予的机会
Art in the Age of Super-abundance

"过剩"日益成为全球化环境中的一个突出矛盾。由此，"选择"被赋予了更大的权利，选择的主体、对象、准则和路径等，成为艺术的新课题和责任。

艺术：钢铁之都的蝶变　　Urban Transformation Through Art

迈克尔·巴斯卡尔是一位作家、数字出版人、咨询顾问和企业家。他是总部位于伦敦的新型出版公司 Canelo 的联合创始人，还是世界领先人工智能研究实验室 DeepMind 的驻地作者。

巴斯卡尔在世界各地演讲并写作讨论有关出版、媒体的未来、创意产业和技术经济的问题。他曾为英国《卫报》《金融时报》《连线》杂志和英国广播公司电视 2 台、英国广播公司国际广播电台、英国广播公司电视 4 台和美国国家公共广播电台撰稿，并参与专栏节目。他创下许多"电子第一"的记录，包括 iPhone 上的第一批电子书，还是畅销游戏《80 天》幕后团队的一员，并且与包括《经济学人》《新科学家》和威康信托基金会在内的组织合作。

迈克尔在牛津大学获得英国文学学位并赢得吉布斯奖。他曾是英国文化协会的青年创意企业家和法兰克福书展伙伴。他撰写过专著《内容机器与策展：过剩世界的选择力量》，亦是即将出版的《牛津出版手册》的编者之一，和《数字评论家和这到底是谁的书》的作者。

迈克尔·巴斯卡尔

Michael Bhaskar is a writer, digital publisher, consultant and entrepreneur. He is co-founder of Canelo, a new kind of publishing company based in London. He is also the Writer in Residence at DeepMind, the world's leading AI research lab.

He has written and talked extensively about publishing, the future of media, the creative industries and the economics of technology around the world. He has been featured in and written for *The Guardian*, *The FT*, and *Wired* and on BBC 2, the BBC World Service, BBC Radio 4 and NPR amongst others. He produced a number of digital firsts including the first ebooks on the iPhone, was part of the team behind the bestselling game, 80 Days and has worked with organizations including *The Economist*, *the New Scientist* and the Wellcome Trust.

Michael has a degree in English Literature from the University of Oxford where he won the University Gibbs Prize. He has been a British Council Young Creative Entrepreneur and a Frankfurt Book Fair Fellow. He has written a prize-winning monograph, *The Content Machine and Curation: The Power of Selection in a World of Excess*. He is also the co-editor of the forthcoming *Oxford Handbook of Publishing* and author of articles in the forthcoming *The Digital Critic and Whose Book Is It Anyway?*

谈话：在过剩的世界策展
Talk: Curation in a World of Excess
迈克尔·巴斯卡尔　　Michael Bhaskar

摘要：迈克尔·巴斯卡尔作为一名图书编辑，通过梳理策展的词源、词汇含义及历史，对今日艺术界为什么需要策展，以及策展如何渗透当下"过剩社会"的方方面面，对"策展"一词提出了独到的见解。作者详述了如今社会的信息过剩、产能过剩、食品过剩等现状，归纳出目前我们面临的选择危机。策展作为一个艺术界的概念，在"过剩时代"的艺术界以外发挥着作用。它的内涵和外延扩展成当今社会帮助人们进行过滤、选择和安排的有效机制，并在网络时代显示出更多的可能性。

关键词：策展；过剩社会；选择；因特网

Abstract: As a book editor, Michael Bhaskar puts forward a unique understanding of the word "curation" by combing the etymology, vocabulary meaning and history, reasons for art circles' need of curation today and how the curation penetrates into all aspects of life in the contemporary world of excess. The author elaborates on the information excess, production capacity excess and food excess in our era, and sums up the crisis of choice we are facing at present. As a concept of the art world, "curation" plays a role beyond the art circle in the era of excess. Its connotation and extension has expanded into an effective mechanism to help people filter, select and arrange in today's society, and has shown more possibilities in the network era.

Keywords: curation; society of excess; choice; Internet

若从凯伦·史密斯的观点来看，就艺术圈而言，我更像个局外人。我与艺术节相交的支撑点源于我对艺术的喜爱，相比参观美术馆、艺术馆，我更多喜欢关注图书、出版等。圈外人的视角会有不同，艺术界的人往往会说我的想法是可怕的，我们一些核心理念已被重新诠释，但对于我们来说可能并没有那么糟糕。

"策展"（curation）在英语以及世界上其他语言中，其意义已经发生了变化，而当今所谈的策展，在中文中有特别的意义，它在新语境中产生了新含义。

大约8年前，数字技术开始改变出版界，针对这方面的会议讨论有很多。我开始参加很多图书和技术方面的会议。这些会议会讨论到图书发展的未来。我逐渐意识到，我们这一行很多人用"策展"这个词，所说的并不是一个博物馆也不是一个美术馆，这个词只是他们从艺术界借来引入各自的工作，从而体现自身艺术性的工具，但很多人在讨论它。而在写了一部有关策展的书之后，我也成为他们的一部分。当我越来越多谈到策展时，我逐渐意识到其中许多有趣和重要的地方。

随着整个社会所经历的重大变革，策展这个词也在改变其在语境中的含义。所以，"策展"的来源值得我们重新思考。策展来自拉丁语，原意是照顾、关注。在罗马帝国中有很多这样的"照顾者"，他们有的负责修道路，有的负责处理政府事务，有的负责基础设施建设。而追溯到500年前的英国教堂，牧师就是负责"照顾"人们的灵魂的。

从历史上看，策展既有官员的意思，又有牧师的意思。18世纪末，以英国的大英博物馆为代表的最早的一批博物馆建立起来。以巴黎卢浮宫这个在法国大革命之后建造的新艺术馆为例，博物馆面临一个新问题。当时的卢浮宫有世界上最庞大的艺术收藏，是西方世界最大的艺术收藏地。由于艺术收藏过多，法国新政府无法向公众展示所有的藏品，这时就需要有人来选择哪些藏品可以展示。整个19世纪，德国和美国的艺术收藏越来越多，该如何选择众多的艺术收藏是一个前所未有的问题。

由此，博物馆的策展人成为非常重要而有权力的职位。到了20世纪，如马塞尔·杜尚作为策展人变得更具创造性。由于艺术创作越来越观念化，就越需要专家来解释其价值，导致艺术家之外的策展人的作用在不断增强。如今有画廊运营者、批评家、策展人、收藏家等，这些专家解释哪些是艺术，哪些是好艺术，哪些作品应该进入美术馆。因此，策展人的地位也就愈发重要。

当时，全世界已有200—300个艺术双年展。迈阿密海滩（图1）是世界上最大的双年展举办地之一。策展人在艺术界中权力极大，影响整个艺术界。

策展人含义的历史演变就是这样，从拉丁语中的"照顾"，罗马帝国中的官员，到教堂中的牧师，再到19—20世纪，随着艺术的观念化，策展人的地位变得越来越

/ 图1 迈阿密海滩

重要,并成为一个专业的学科领域。在过去的30年,甚至是过去50—60年间,策展人成为一个艺术中间人,并在艺术中发挥着越来越重要的作用。

实际上,从谷歌的工具中可得知这个词是如何使用的。从1990年中期开始,策展、策展人以及作为名词的策展等词汇,由于因特网带来了新的语境,在不同的词性下、在艺术界之外被广泛运用。

这个词不再仅仅局限于艺术馆和美术馆,也可以用于其他方方面面,人人都可以成为网络上的策展人。例如:英国的报纸中,一定能看到curation。大家在设计一个菜单,设计一个商店或是设计其他事物,都会用curation这个词,这使curation成为一个随处可见的热门词汇。身处一个过剩的时代,不仅curation本身的意义可能会发生改变,其在口语中使用的意义也会变得越来越重要。

究竟什么是我们所谈及的过剩的时代?我们的确生活在一个非常疯狂的过剩时代,但这并不意味着所有人都过上了好生活,还有很多人的日子非常困难,在很多方面都面临着物资的匮乏。所谓过剩的时代,并不是说每个人的生活都已富足,只是说在某一些领域的确出现了一种过剩的现象。

大数据就是这些领域的其中之一。过去几年所产生的数据已超过了人类历史上所产生的数据总和,智能手机、传感器、摄像机等大量的数据器材,使我们被数据所包围,而且这个数据以非常快的速度在增长,但并没有系统来管理和运营这些数据。

图书出版人对这方面的问题很了解。全球英语世界当中每年出版的新书数量超过 100 万种。这个数字会使我想到其实有那么多没来得及阅读的经典书籍，可即便如此，每年还有 100 多万种的新书籍出版。中文书籍的出版量每年会有 20—25 万种，对于阅读 101 万本书和阅读 1 本对自身有重要影响的书，如何来对比这两者之间的价值。另外一个数字是"30 000 000 000 000 000"，3 后面加 16 个 0 是每年产生的大数据量。不仅仅是书本的过剩，还有音乐的过剩。现在的音乐都直接从网上下载，在西方世界的音乐服务中，每年都有好几百万的新音乐推出。由于新音乐数量太多导致每年有 20% 的音乐无人问津，没人有听完 3500 万首歌的时间，这就是音乐过剩的现象。

每年新产出的电视剧数量也导致了电视节目过剩。1965 年，中国只有 8 个电视频道，现在则有 300 多个电视台和 3000 多个频道。在 40 年前的英国，只有 3 个电视频道，而现在，这个数量则达到了 500 个。即便如此，电视剧的制作还在不断增加。从 1999 年起，美国每年生产制作 40 部大制作、高成本、高收视率的电视剧，然而去年一年他们就制作了 400 部电视剧。明年，Netflix 自己就会生产 700 部电视剧，类似现象在中国也是如此。短短几十年，电视和电影已经无孔不入，人们可以在不同的终端和不同的地方看到它们。由此可见我们消费的信息量有多么庞大。

美国神经科学家指出：美国人平均每天消费的信息量，在公交车站或者办公室浏览文件、在社交媒体上发布信息等，相当于读 175 份报纸。无论在中国还是其他地方，信息量的消费都是巨大的，如果光看媒体数据、信息，现在是绝对过剩的。牛津大学有个"时间使用研究中心"，专门来研究人们一天当中是怎样平均使用时间的。研究发现，从 20 世纪 70 年代后，由于人们在电视、社交媒体上花了太多时间，并没有从事更多工作的人们反而比以前更忙了，这就是信息超载。一个信息数据及媒体文化过剩的时代。在人类历史中有很长一段时间是没有什么经济增长的。经济历史学家麦德森计算得出：欧洲大陆从 1000 年到 1500 年的经济增长，等同于中国 2008 年到 2012 年期间的经济增长。中国四年期间的经济增长已经超过了整个欧洲大陆 500 年的经济增长总量。由于我们生活在几何级数增长的时代，而 1950 年后，发生了人类有史以来最为疯狂的经济增长，由此造成了各种过剩。在《国富论》当中，亚当·斯密（Adam Smith）提出了社会分工的运转模式，指出效率是要靠社会分工来实现的。例如生产一枚回形针需要很多的步骤和流程。从 19 世纪中期至今，短短的 200 年中，由于全球范围内自动化技术和技术机器的大量使用，每个工人从每天平均生产 4—8 个回形针发展到每天生产上百万、上千万个的数量。

中国就处于这样一个大趋势的前沿，现代化的工厂在中国处处可见。中国富士康工厂买了 100 个机器人，购买量提高的同时产量也十分惊人。再考虑一下消耗的能源，一桶油相当于 25 000 个人力资源，而在 20 世纪人类已经使用了 1 万亿桶油，这里面包含了许多的人工工作量。如此的生产力造成了供大于求，再加上一些购物网站所提供的商品选择，供人们选择的商品就过剩了。从选择的角度回顾人类的历史，此前人们的选择非常少，而现在，光是一个亚马逊网站就有5亿多选择，这相当于我们每天要读200张报纸来接受信息，而欧洲中世纪的农民一生最多才能了解4张报纸信息，也没有所谓的电视或者影像。而食物作为生命的基本需求，还有一些极度短缺的情况，但如今全球每年有17%—20%的食物生产是过剩的，因此食物的问题不是生产短缺造成的，而是食物的低效分配和低效流通造成的，过剩的食物没有一个有效的分配机制。比如在欧洲，他们的产业政策导致了太多堆积如山的食物等着腐烂。

在任何领域，现有的选择都是前所未有的。虽说选择是好事，而公司的经营发展就是为了扩大选择，但有时这种选择并不一定是对的。按古典的经济理论来讲，选择越多，卖的东西越多。但心理学家做了一个测试来证明他们的不同观点：测试第一天拿出17瓶果酱放在桌子上，测试第二天则放5瓶，经反复测试发现提供5种果酱的时候销量反而会上升。测试证明有的时候选择越少，销量越高。我们希望有选择，但如果选择太多反而会造成选择困难，徒增顾虑，甚至担心选错及选择带来的各种麻烦。这也正是和经典经济学理论不一样的地方。我们所打造的世界在不断地扩大选择，但这也许并不是我们想要的，我们所想要的可能是范围不多的选择，是经过"策划"的选择，经过选择的选择。

curation最初来自艺术界，如今在新趋势的促使下进入了大众，用于对过剩社会的一种反应。技术专家、企业家、媒体专家用curation的时候和画廊的策展是两个概念。人们日常在用curation的时候所指的是选择并加以安排，以增加其价值。一个单词在英语中的意义取决于它的实际使用，虽说策展一词的滥用不是什么好事，但现在这个词已经被使用，想要改变已为时过晚。

策展通过选择和安排来增加价值，显示出企业文化中的前沿思想。我们的艺术世界处于文化变化的前沿，在使人兴奋的同时也必须要选择。因此，不管是策展人还是正在学习策展的硕士生，他们所做的工作都处于我们社会变革的前沿。

例如以前在英国，录像带还是租的，人们走进音像店，租一部最新的大片，选择不多。如今有了Netflix网站，选择变得无穷无尽，但这些选择中又包含算法和人类选择的理论，我们称之为经过"策展"的媒体，事先帮你过滤，从无穷无尽缩小到一系列的选择，这就是所谓策展的经济。

这是香港国际金融中心商场（图2），其租金是世界上最高的。这里的管理者就是个时尚策展人，他们要选择怎样的品牌能够进驻这里，要为顾客选择最受欢迎的品牌。这是一个意大利的食品大市场（图3），意大利有一个精心的策划运动叫作"慢慢吃"，经其来展示食品。在最好的位置销售经过筛选的最优质的商品，这就意味着传统的方式已经过时，当今的高端零售有了新模式。阿布扎比的博物馆是一个巨大的项目（图4），充满了策展的理念，是经济发展和策展交汇的轴心。

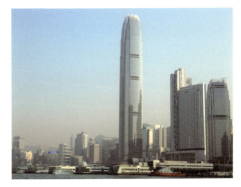
/ 图2　香港国际金融中心商场

/ 图3　意大利的食品大市场

/ 图4　阿布扎比的博物馆

总之，对于选择而言，我们已从工业化模式进入策划的模式，根据个人需要以一种潜在的方式进行精心调试。讲到艺术、博物馆，是一种所谓的明示，一种明显的策划；但讲音乐、商店或者书籍的编辑，从来不叫作策划或策展，可某种程度上它有相似之处，这就是所谓的暗示。

编辑的作用是非常重要的。当今世界生产的东西越来越多，如有所改变，所需的东西又会焕发新生。因特网在此概念上显示出了最强大的力量，所谓的策划就会把存在于网上的东西进行筛选。无论在中国还是在西方,人们在生活方面也包含了策划或策展的推力。从前大家喜欢跟旅行社去欧洲海边度假,但如今出国是希望去参加一个艺术节,去看一个歌剧,去变换一种生活方式。如今,生活并不是完全可以预测的、连续一贯的,人们从事的工作各种各样,有些是非常草根的,有些是非常时髦的、上流的。所以现在我们要为自己策划一个展览,是去挑选自己的体验。随着对自己生活的"策展",人们能够积攒越来越多的文化资本。也就是说,在当今这个过剩的时代就是要通过删选、安排、策划,通过"过剩的策展"来创造更多的价值。

阿宾纳·波夏南达教授，曼谷艺术双年展（2018）首席执行官和艺术总监，1956年生于曼谷，拥有爱丁堡大学艺术硕士学位和纽约康奈尔大学艺术史博士学位。现任曼谷朱拉隆功大学美术与应用艺术学院教授和总干事，当代艺术文化办公室官员，泰国文化部常务秘书兼代理部长。同时也是亚洲文化协会、纽约所罗门·古根海姆博物馆、新加坡国家美术馆董事会、曼谷艺术文化中金基金会董事会和曼谷银行Bualuang绘画大赛董事会委员，泰国饮料有限公司总裁和首席执行官的顾问。

他被授予过泰国白象勋章（特级）、瑞典皇家北极星勋章（一级）、意大利之星勋章和法国艺术及文学勋章。

阿宾纳·波夏南达

Prof. Dr Apinan Poshyananda, born in Bangkok in 1956, is the chief executive and artistic director of Bangkok Art Biennale (2018). He has received Master Degree in Fine Arts from Edinburgh University and PhD in History of Art from Cornell University, New York. He is the professor and Director-General of Faculty of Fine and Applied Arts, Chulalongkorn University, Bangkok, official of Contemporary Art and Culture, Permanent Secretary and Acting Minister of Ministry of Culture, Thailand.

He is a member of the Asian Cultural Council, Solomon Guggenheim Museum in New York, Board of National Gallery in Singapore, Board of Foundation of Bangkok Art and Culture Centre, Board of Bualuang Painting Contest in Bangkok Bank and provides consulting service to the president and CEO of Thai Beverage Co., Ltd.

Poshyananda is awarded the Most Exalted Order of the White Elephant (Special Class) by Thailand, Order of the Polar Star (First Class) by Sweden; Order of the Star of Italian Solidarity, Order of Arts and Literature by France.

物质充裕及超世俗时代的艺术
Art in the Age of Super Abundance and Supramundane
阿宾纳·波夏南达　　**Apinan Poshyananda**

摘要：本义结合曼谷双年展的策划理念及思路，反思了高科技时代的都市艺术展览如何在保留当地文化特色的同时超越世俗，并点亮城市生命或成为城市再生的一股力量。文中探讨了现代的技术革命和城市管理对传统文化的巨大影响和冲击。希望当今的艺术展以全新的思路融入城市公共建设和普通百姓的生活中，将传统文化、宗教、习俗、地方特色与双年展有效结合起来，举办一次别开生面的双年展。

关键词：城市发展；高科技；曼谷双年展；本地文化；超世俗

Abstract: Combining with the planning ideas and thoughts of the Bangkok Biennale, Abina Poshananda rethinks how the urban art exhibition in the high-tech era can transcend the secular while retaining the local cultural characteristics and become a force to light up the city's life or regeneration. In this paper, he discusses the tremendous impact and influence of modern technological revolution and urban management on traditional cultures, and hopes that today's art exhibition would be involved in urban public construction and the lives of ordinary people with new ideas, effectively combine the traditional culture, religion, customs and local characteristics with the biennial exhibition, so as to hold a different biennial exhibition.

Keywords: urban development; commerce excess; Bangkok Biennale; local culture; super secular

艺术：钢铁之都的蝶变　Urban Transformation Through Art

　　针对人口过剩的问题，可以探讨的地方非常多。这是在东京 Mori Art 艺术馆展出的一件作品（图1）。我们生活在一个城市化和过度拥挤的时代，随着城市的不断发展，大城市要容纳不断增长的人口。当今技术和科技的发展让人们有了"超能力"：长途旅行、克服重力、远程交流等等。人们用这些"超能力"改变自己的身体，延长寿命。人们对幸福的追求包括很多方面：愉悦、丰足、娱乐、即时的满足以及其他种种。大城市中一些大的项目把建筑物、艺术、交谊会、大片、娱乐以及音乐会变成我们文化经济、创意经济的一部分，市民感到非常的愉悦和与众不同。艺术家、建筑师、演员、艺术总监、设计师、名流和表演者以及策展人和批评家都跻身于艺术的圈子和网络。

/图1　东京 Mori Art 艺术馆

很多时候我们都借着享受艺术和满足审美的名义，麻木而舒适地在大型艺术活动之间穿梭。上海位于长江的入海口，是一座现代化的大都市。它作为世界上人口较多的城市，常住人口近2 500万人。浦东的天际线以及上海的高楼，包括上海中心以及东方明珠电视塔，看上去像未来电影当中的场景，让人想起《银翼杀手》或《攻壳机动队》里面的都市。

上海的艺术家和室内设计师们重塑了上海的公共空间。2010年世博会前后上海呈现了快速的城市发展。期间上海城市建筑高速发展，许多上海市民和游客都希望看到一些与众不同的艺术活动、音乐会等等。早在2000年我初到上海时，便参观了上海双年展和一些上海老建筑。当时我看了艺术家艾未未策划的一个展览，这个展览有很大争议，人们都在讨论老建筑的安全问题，讨论它们是否该被拆除。当时这个展览很多部分都用到了人体，比如展出一些裸体以及其他的东西。那时我作为一个北欧策展人，想把北欧的展览"超越天堂"带到亚洲，在上海美术馆展出。但由于这个展览中有14件艺术作品有裸露、暴力的成分，当时政府没给予通过，最后没有展出。

如今，宝武钢铁厂的遗址被很好地保护了起来，在22世纪，这里将发生"蝶变"。在上海的城市规划中，创意经济是城市发展非常重要的一部分。在艺术发展过程中所面临的社会经济层面上的问题不仅发生在上海，也发生在世界其他地方。如果成功解决问题，那便实现了一场复兴，类似于北京的798和古根海姆等。我们要充分考虑工业空间的未来功能。

工业空间塑造了历史，它自己也很可能在未来持续地改变，这种改变超越我们的生命周期。几天之前我们参观了这个场所，这个空间的巨大体量让我们非常震撼。我曾看过一部剧，名为《星球守护者》。它讲述的是星际空间中的战争，其中的布景就非常像宝钢。我们可以将两者的体量、规模进行比较，尽管很多时候我们也喜欢一些小而美的东西。

曼谷也是一个国际化的大都市，但是相比上海来说要小很多。它也经历过城市的复兴、变革，同时涉及社会、经济、政治等方方面面。曼谷的公共艺术也在努力适应新环境，建立一种新的身份来满足公众的需求。同时曼谷也提出怎样使我们的公共艺术变得更包容并具有独特的身份。从文化产业的角度来说，他们建立了创意园区，也制定了相应的政策。但由于泰国前几年政治局势不是特别稳定，很多新的想法到目前为止还没有实施。

曼谷这座城市处于持续的流变和混乱当中。曼谷的城市化和城市发展导致了非常拥挤的交通。在泰国，尤其是曼谷，出行并不是特别方便。在这里看到的是一个在建项目，它紧靠着一条河，在今年10月会对外开放，其中包括酒店、服务式公寓以及一些大型商场（图2）。另外一个大项目叫作"一个泰国"（图3），作为一个城中城项目，一个大的居住项目，看起来非常像上海的一些项目，其中也包含了一些艺术馆和美术馆。

/ 图 2　大型商场

/ 图 3　"一个泰国"项目

另外一个是 CHAROEN KRUNG 项目，是一个老居住区改造成的画廊、精品酒店以及饭店，设计者希望能够将它打造成一个新的旅游热点，举办一些艺术馆之夜以及一些音乐活动，或是通过这些酒店来吸引当地的居民和游客。但是在此居住的人们现在正面临着压力：投资商和开发商可能会为了吸引游客把这个地区变成一个物价非常昂贵的地方，从而失去它原有的一些特色。（图4）

/ 图 4　CHAROEN KRUNG

　　MahaNakhon 是泰国综合使用率最高的项目（图 5）。这个项目于去年 5 月对外开放，入口处是一座体量巨大的雕塑，塔内有现场演出以及漂亮展示，艺术与建筑完美融合在一起。但正如曼谷的许多大项目一样，MahaNakhon 的设计也存在一些问题，现在看起来更像是人口过剩的一个象征。

/ 图 5　MahaNakhon

一些历史建筑最近也被拆除了，政府把这个区域改造成一个公园，摧毁了原住民的风貌和地方特色，这就是所谓的杀城记，有人也称之为城市自杀。

这是一条7千米长、10米宽的一个沿河大道（图6）。一些NGO、建筑师以及艺术家曾经对这里的改造规划提出抗议，因为它破坏了生态系统，也破坏了河面原有的风光。这正是一个城市自杀的案例，还好政府决定不再继续改造了。

/ 图6 沿河大道

我们游走于各类艺术教育会、双年展之间，有时候这些活动让我们分不清到底我们所在何处，仿佛艺术家都差不多。艺术家们确实发挥了作用，但是现在出现了新的人群，策展人成了新的艺术家，收藏家成了新的策展人。如今的社交媒体、因特网、AI技术、VR技术已经构建了这种所谓的混合美学。尽管如此，艺术家仍时常认为他们是一切的中心。这就引发了大众关心的问题，我们现在拥有的东西是否已经过剩？

所谓的"扶手椅"策展就像在线拍卖一样，我们足不出户就能够在家里的扶手椅上策展……艺术家以及策展人都面临着这样的问题，而过剩也要求我们超越平庸。超越平庸这个词是非常鼓舞人心的，它是一个佛教词语。它意味着深厚的知识，并且是一种能够追求超越尘世的空的状态，那意味着让一切都慢下来。

第一届曼谷艺术双年展在2018年10月19日—2019年2月13日举行，主题就是"超越喜乐"(图7)。希望艺术家能够到曼谷来,然后在当地的现场进行创作。此次挑选了9个地点,分布在不同地方,艺术家们要自己去定义到底什么是超越喜乐。我们请了17个艺术家来创作一个能让观众遵循并且能够超越喜乐的路线。我们最终能否实现这个目标呢?在此期间,艺术家扮演着各自的角色,反而是策展人要退后一步,艺术家跨前一步,不过策展人要知其所往。

/ 图7 第一届曼谷艺术双年展

除此之外,我们还邀请寺院中的长老参与到我们的双年展中,进行布道、讲经。著名艺术家黄永砅就曾去过曼谷的卧佛寺并在这个具有200多年历史的寺庙中进行创作,与寺庙中的长老进行交流探讨。

许多塑像曾由中国运到曼谷——在这里,艺术品体现了流动性,具有历史性的艺术品之间相互交流。我们还会将河边的这些受保护建筑利用起来,还会邀请艺术家创作公共艺术作品,并将之放置在公园一类的公共空间之中。

杭间,艺术学博士,中国美术学院副院长,兼国美美术馆总馆长,教授。杭间20世纪80年代中期开始从事中国现代艺术运动的思想评论,长期致力于艺术史论研究,是中国工艺美学系统性研究的开拓者和最早将传统造物提升至思想层面进行理论阐述的学者。作为主要参与者他先后策划了"北京国际设计三年展""中国设计大展""上海艺术设计展"等国内具有重要影响的设计展,筹建完成了中国国际设计博物馆、中国美术学院民艺博物馆等,出版了《新具象艺术》《中国工艺美学史》《中国传统工艺》《手艺的思想》《设计的善意》《设计道——中国设计的基本问题》等著作。近年来,他提出"设计的民主价值"理论,以实践推动设计观念的转变。

Hang Jian, is a doctor in Art, the deputy dean of China Academy of Art, the director of CAA Art Museum, also a professor. Since the mid-1980s, He has engaged in the criticism of Chinese modern art movements and devoted himself to the study of the art history theories. He is the pioneer of the systemic research on Chinese aesthetics of craft and the first scholar who upgrades the traditional creations to the ideological level for theoretical explanation. As a major participant, he successively planned the influential design exhibitions in China, such as Beijing International Design Triennial, China Design Exhibition and Design Shanghai, completed the preparation of China Design Museum and CAA Folk Art Museum, and published *New Figurative Art*, *History of Chinese Aesthetics of Craft*, *Chinese Traditional Craftsmanship*, *Thinking of Craftsmanship*, *The Kindness of Design* and *Philosophy of Design-Basic Problems of Design in China*. In recent years, he proposed a theory called "democratic value of design" to promote the transformation of design concepts.

杭间

边城：非主流文化生产的过剩？

Border Town: Excess Production Caused by Non-mainstream Culture?

杭间　　Hang Jian

摘要：本文从《中国美术报》在湖南凤凰举办的"跨文化视野中的意大利当代艺术展"入手，反思了凤凰从沈从文笔下的边城到现在的文化创意产业开发的发展历程，探讨了应如何把握外来文化空降的飞来峰效应，并提出艺术展览或者艺术家应该回到对过剩的本质的探讨，以寻求一个中间点，也就是中国传统所谓的"度"。

关键词：凤凰；边城；过剩；文化创意产业；非主流文化

Abstract: Starting from the "Italian Contemporary Art Exhibition in Cross-cultural Perspective" held by Art News of Chine in Fenghuang, Hu'nan Province, this paper rethinks the development process of Fenghuang from Border Town described by Shen Congwen to the development of cultural and creative industry at present, explores how to grasp the klippe effect of airborne foreign culture, and puts forward that art exhibitions or artists should get back to discuss the essence of excess, so as to find an equilibrium point, that is, the so-called "degree" in Chinese tradition.

Keywords: Fenghuang; Border Town; excess; the development of cultural and creative industry; non-mainstream culture

过剩是一个非常有意思的话题，东西方不同文化对这个问题有不同的理解。比如中国人对于食物过剩的理解就和西方人相差甚远。工业产能过剩也是如此。作为北京798工业园区10年的邻居，我从20年前就开始关注它的发展变化。在我看来，北京798电子管产业的产能过剩和以景泰路一带为中心的北京棉纺厂的产能过剩所引起的工厂厂区转型、改制在世界上颇为独特。因此，对于过剩，无论是物质过剩还是能力过剩，东西方不同文化和不同文化的人民有不同的处理方法，其关键在于是延续还是放弃、是改造还是改良。

今年4月在湖南凤凰所参与的一个案例，与798不同，后者是中国受西方文化影响改造的工业园区，前者则展现了过剩问题在中国更复杂的一个情境中所面临的问题。

2018年4月，《中国美术报》在湖南凤凰策划了"跨文化视野中的意大利当代艺术展"（图1）。数十位意大利艺术家以及4所意大利美术学院院长、教授，还有数十位中国艺术家、美术学院院长、评论家，同时汇聚凤凰。

/ 图1 跨文化视野中的意大利当代艺术展

/ 图2 凤凰地形图

从地形图（图2）可以看出，凤凰处于湖南众多大山中间。虽然交通非常不便，但是在中国的文化地理上具有非常特殊的坐标意义，其是因沈从文先生的小说《边城》使凤凰成为中国人所熟知的一个传统的、田园式的、没有被开发的农耕社会的古城。沈从文先生在这部小说中描述的凤凰，是一个纯朴的、独立的、有自给自足系统的中国田园小城。近100年来，边城成为凤凰在文化地理上的一个非常重要、具有象征性的名词。

当今，凤凰的一些角落仍然可以看到沈从文在90多年前描述的面貌（图3）。但事实上，凤凰已经被大规模开发。其开发模式是以当地政府为主导的所谓的文化创意产业开发，凤凰古城成立了专门的文化开发公司。这种开发模式暗含了两个前提：其一，凤凰作为一个传统农耕社会的古城被认为已经没有存在价值。其二，处在原生态状态的中国，这种风景旅游模式被认为是落后的，不再适应当前的需要。在当地的政府官员看来，类似的风情古城在中国数量众多，这样的开发既留不住旅游者，也无法给当地带来大量的旅游收入。所以要成立一个现代公司，进行综合的包装和开发。

/ 图3　凤凰古城未开发的部分

当今的中国，通过类似的传统资源开展文化产业的再生产，已经成为地方政府官员最重要的政绩和目标之一。新农村建设、美丽乡村建设正在强力改造中国100年来仅存的乡村文化的面貌。

古城城门（图4），既是进入古城的开始，也是外来者帮助它进行再生产的开始。进入城门后看见的穿着苗族服装的迎宾者都是公司职员，她们有的的确是苗族人，有的却是汉族人，但她们都有一个统一的名字——"翠翠"，即《边城》中女主人公的名字（图5）。

/ 图4　凤凰古城城门　　　　　　　　　　/ 图5　身着苗族服装的"翠翠"们

这种外来文化的空降让我想起了杭州灵隐寺的飞来峰。飞来峰是落脚在杭州灵隐寺的一座小山，承载了中国以印度佛教为中心的佛教交流的历史过程。据说它是一块天外飞来的陨石，飞来时就雕满了佛教造像。灵隐寺也因此成为东南佛教最重要的一个圣地，今天香火依然非常旺盛。从六朝一直到今天，佛教与中国本地的宗教、中国人的信仰习惯相互作用，产生了诸多变化。因此，飞来峰效应很具有象征性。

开幕式的舞台位于传统空间之中，可以说是在传统的空间里嵌入了一个符合当今中国需要的现代展览的开幕式（图6）。实际上舞台就位于街边，边上有些楼是重新整修的传统古城楼，有些则是全新再造，但在边城的人看来，这些都恢复了当年的传统面貌。

/图6 位于传统空间中的展览开幕式

主办方在致词中说，之所以请意大利的嘉宾来，是因为凤凰是一个以水得名、用水连接的水城，也是一个文化古城，因而与意大利有非常近的亲缘关系，因为我们的古城也是以水得名。但有趣的是，来参加本次展览的意大利艺术家他们并不都是意大利双年展的参展者，他们所提供的作品风格仍然处在现代主义阶段。在展览的小范围讨论中，我们探讨了水城凤凰和水城威尼斯是否在文化地理上有可以互相交流和借鉴的关系。

展览基本是架上绘画和架上雕塑，展览空间是在凤凰古城的老建筑中改建的现代空间，体现了意大利艺术家的作品和他们的艺术趣味（图7）。

/ 图 7　展厅一角

　　这座小城里的人对这个展览充满了期待。主办方还邀请了十几位中国艺术家，在小城不同的小空间中举行了平行展，希望以此能形成交流。同时，主办方还邀请了他们认识的企业家在某一时间莅临古城，这些企业家将成为意大利展览和其他平行展的作品的重要收藏者。

　　2018年恰逢沈从文先生逝世30周年的纪念日（图8）。已经故去的作家中只有很少人能在中国的网络上得到广泛的纪念，但是对沈从文先生的纪念却达到了高潮。这反映了当今中国文化界和中国社会对他的遭遇、他的小说中体现的中国现代化进程和中国传统社会之间关系的思考。

/ 图 8　沈从文，凤凰生长的中国伟大作家

因此，从某种意义上而言，翠翠在《边城》里所张扬的这个中国中部的传统古城，它的独立、自足和纯朴，以及它在这样的系统中所产生的人类感情（无论是爱情还是亲情），以及她对于婚姻、社会、工作以及人生的选择，都引发当今的中国人对所谓的全球化、对所谓的互联网经济的快速发展过程有所反思。这种反思可能依然不符合中国的主流价值，但的确在中国的空间和社会中存在。

这样的反思实际上在我们每个人中都在进行。萨义德的"东方主义"在中国通行，但它在中国学界跟在西方文化界的处境截然不同。中国学者试图通过东方主义在内心寻找作为一个受西方文化影响将近100年的人对于自身的看法，而这种看法很多时候是矛盾的。比如我跟我的导游"翠翠"之间这种非常不经意的交流和合影，实际上既包含着一种对自身的反思、不安和焦虑，也包含了作为从大城市到小城市的一个短暂的外地旅游者对他们不经意的侵扰。

2016年，中国艺术家徐冰在威尼斯双年展展出的作品就以《凤凰》为名。这件作品是由中国普遍存在的建筑工地中现成物组合而成的巨大装置，在形式上吸引了大量西方艺术家的关注（图9）。但从这个角度而言，它向西方艺术家所传达的信息和中国艺术家对于它的思考是非常不同的。徐冰的《凤凰》作品究竟是传达了批判还是对现存物的一种挪用，大家都有不同的理解。

/ 图9　2016年威尼斯双年展徐冰作品《凤凰》

回到凤凰本来的形象，它在中国传统中原本具有非常明确的意义，这种明确的本来性、这种美好、这种和谐，原本不需要过多的学理探讨，就存在于每个中国人的内心当中，当然它可能在不同时候经历了新的尝试。

过剩的凤凰是非常可怕的，它的夜景甚至比巴黎塞纳河还要炫丽。所以我认为过剩可能有两种处理方法：再利用或者放弃。在我看来，艺术展览或者艺术家要想介入讨论过剩的问题，应该回到对过剩本质的探讨，以寻求一个中间点，也就是中国传统所谓的"度"。这个度不但在于艺术介入这种改造或者城市更新，而且在于反观城市生活，尤其是反思新的价值。所以我认为度的把握本质上是现代性在亚洲消化不良和营养过剩的问题。

凤凰本来是一个干净之地，如果仅作为一个轻型的旅游城市，边城和非主流生活的选择原本可以处于一种非常自然的生活状态（图10）。但是现在，由于前面所说的种种巨变，凤凰每天的客流量激增，最高时可达到10万人。凤凰将何去何从？需拭目以待。

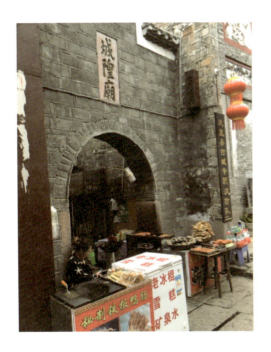

/ 图10 "边城"与非主流生活选择

艺术：钢铁之都的蝶变　　Urban Transformation Through Art

夸特莫克·梅迪纳，1965年12月5日生于墨西哥，策展人、评论家和艺术史学家。拥有墨西哥国立自治大学历史学学士学位，以及英国埃塞克斯大学艺术史及艺术理论博士学位。

1993年起任教于墨西哥国立自治大学，并担任其艺术研究所全职研究员。2002—2008年间，担任伦敦泰特美术馆首位拉丁美洲艺术收藏联合策展人。

他的艺术观点广泛地发表于各类出版物。1999—2013年间负责墨西哥城《改革报》艺评专栏；2017年出版名为《双向滥用》的专著，回顾了其有关墨西哥的主要艺术研究。

他曾参与组织、策划多个国际大型展览和艺术项目，包括：弗朗西斯·埃利斯的"当信仰移动山脉"（2001年，秘鲁利马）；"差异时代：墨西哥1968—1997艺术和视觉文化"（2007年至2008年）；第53届威尼斯双年展墨西哥国家馆的项目"我们还能谈什么？"；西班牙穆尔西亚当代艺术计划的展览项目"食人多米诺"（2010年）。2012年，梅迪纳担任第9届欧洲宣言展总策展人。2013年起，他担任墨西哥国立自治大学当代艺术博物馆首席策展人，为诸如哈伦·法罗基、杰里米·戴勒、安德烈·弗雷泽等艺术家策展。近期策划了"谈判的故事"展览，该展将先后于墨西哥、阿根廷、古巴、加拿大及美国巡回展出。

2013年，梅迪纳获得了得克萨斯州休斯顿市梅尼尔基金会颁发的华特·霍普斯策展成就奖。

夸特莫克·梅迪纳

Cuauhtémoc Medina, born in 1965, Mexico. He is an art critic, curator and historian, holding a PhD in History and Theory of Art from the University of Essex in Britain and a BA in History from the National Autonomous University of Mexico (UAUM).

Since 1993 he has been a full-time researcher at the Institute de Investigaciones Estéticas at UNUM, lecturer at the Philosophy Faculty and the Postgraduate Department of Art History of the same university, and between 2002 and 2008, he was the first Associate Curator of Latin American Art Collections at the Tate Modern.

He has widely published texts in books, catalogues and periodicals, and among other things. Between 1999 and 2013, he was in charge of the art critical section of the Reforma newspaper in Mexico, titled "Ojo Breve". A recent compilation on his critical interventions on art in Mexico has been published Mutual Abuse by Cubo Blanco and RM in 2017.

Among other projects, he has organized When Faith Moves Mountains (Lima, Peru, 2001) by Francis Alÿs, The Age of Discrepancies, Art and Visual Culture in Mexico 1968-1997, (in collaboration with Olivier Debroise, Pilar García and Alvaro Vazquez, 2007-2008), Teresa Margolles's project for the Mexican Pavilion at the Venice Biennale 2009, What Else Could We Talk About?, Dominó Canibal (Cannibal Dominoes) (2010), one year long series for, the Contemporary Art Project (PAC) in Murcia, Spain. In 2012, he was Head Curator of the Manifesta 9 Biennial in Genk, Belgium. Since 2013, he is Chief Curator at the Museo Universitario Arte Contemporáneo (MUAC) in Mexico, where he has curated a number of exhibitions by artists such as Harun Farocki, Jeremy Deller, Andrea Frase, among others. He has also recently curated Francis Alÿs A Story of Negotiation (2014-), a travelling show organized for museums in Mexico, Argentina, Cuba, Canada and the USA.

In 2013, he was granted the Walter Hopps Award for Curatorial Achievement by the Menil Foundation in Houston, Texas.

失业的中产阶级：关于金钱时代的艺术笔记
The Unemployed Bourgeoisie: Notes on Art in the Age of Money Spectacle
夸特莫克·梅迪纳　　Cuauhtémoc Medina

摘要：本文通过"比利时亨克宣言展"的个案研究，结合夸特莫克·梅迪纳自身的策展经历，阐述了当代艺术如何介入地方性历史遗存中的问题。文章将重点放在了当代文明与古老空间的对话，以及如何处理艺术与当地各类人群的关系上。通过当代艺术展与当地工业的兴衰史、工业人群对艺术的接受度等各角度分析了流动的双年展、宣言展与艺术博物馆的区别，以期在博物馆体制的框架之外，利用艺术展览的流动性，打开艺术介入历史遗存的种种可能性。同时文章也体现了对历史遗存在时空上保留的一种新态度，让当代艺术在旧思想与新时代之间发挥积极的作用。

关键词：宣言展；失业社群；历史遗存；矛盾情绪；对话

Abstract: Cuauhtémoc Medina, through the case study of Genk Manifesta in Belgium and his own curatorial experience, expounds how contemporary art intervenes in local historical remains. He focuses on the dialogue between contemporary civilization and ancient space, and how to deal with the relationship between art and various groups of local people. This paper analyses the differences between the flowing biennial exhibition and manifesto exhibition and the art museum from the perspectives of the rise and fall of the contemporary art exhibition and the local industry, and the acceptance of the art by the industrial crowd, with a view to opening up the possibilities for the art to intervene in the historical remains outside the framework of the museum system by utilizing the flowing nature of the art exhibition. At the same time, the paper also reflects a new kind of attitude to retain the time and space for historical remains, so that the contemporary art can play a positive role between the old ideas and the new era.

Keywords: manifesta; unemployed group; historical remains; ambivalence; dialogue

今天我们讨论的是在 2012 年举办的"比利时亨克宣言展"（Manifesto Genk Belgium）（图 1）。

/ 图 1　"比利时亨克宣言展"

宣言展要在不同的城市巡回展览，展览城市的选择不仅需要当地提供费用，还要与展览的主题具有某种关联性。比如比利时东部的展览，当时的主题是"转变"（transformation）。20 世纪初，比利时东部是一个重工业城市。到了 20 世纪末，这里的重工业已经消亡，整个城市准备重振汽车行业，其面临着激进的转变。在这种需要和其他大型活动相竞争的情况下，我们把重点放在整个采矿行业，聚焦采矿行业的历史以及其特殊性上。但由于很多矿产在六七十年代就已挖光，矿区逐渐衰落，衰老的矿工很担心曾经的一切就要消亡，而未来的可能又无处可寻。与此同时，新兴的政治阶级、文化群体又要往前看。他们不知对城市的老遗产如何是好，可同时又规划了一系列文化产业项目。此次展览的使命就是，既要通过当代艺术反映出采矿的未来，又要解决这些遗产意味着什么，旧时代的建筑与未来的发展该如何融合这两个问题。

虽然没有官方支持也没有不平等收入、更没有丰富的文化机构等，但这座城市有其自身活力和发展能力。他们用自己拥有的收藏来举办小型博物展览。

当地的遗产与文化必要性联系的争议在于：不同的年龄段对本土遗产意义有各自的理解。此外我们还面临着一系列复杂的问题：过去的历史重不重要？其到底是一种无用的怀旧情绪还是影响政治运动一路向前的阻碍？这段历史是否必须要存在于新秩序中？20 年来，大家都不知道该拿一座废墟化的矿山怎么办，因此我们就要思考在这里当代艺术可以做什么以及当代艺术所能发挥的作用。当地留存下来一笔资金用于遗产保护，如若要在这里展开当代艺术活动，就需要有充分的理由来动用这笔资金。担任宣言展策展人的我，要着重思考怎样让它成为一种机制——让它能够自我批判，以及怎样打破两种恐惧。一些政治精英认为，如果人们过于怀旧，城市就无法转型进入新的世纪，这种怀旧会影响人们展望未来，成为全球经济发展的阻力，这就是所谓的对怀旧的恐惧。而老矿工们担心他们的社会地位会受到挑战，很怕往前走，因此必须帮助老矿工们战胜这种恐惧，这就是所谓的民族主义。

我们通过三点来诠释这一切：一是当代艺术的回顾展，即当代艺术如何来应对当代资本主义？这是从全球化的视角来解释全球资本主义的发展（图2）；二是现代艺术博物馆（图3），从矿场里借用一些博物馆的艺术作品，让大家来了解煤炭产业以及煤炭所带来的能源和能量是如何影响着当代社会发展的；三是呈现美丽而有趣的事物，试图将遗产的保留常规化（图4）。如图可见，一座山丘的印象如何受矿山

/ 图2　当代艺术回顾展

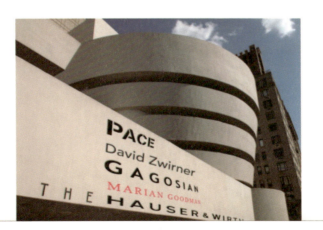

/ 图3　现代艺术博物馆

— 139 —

的形态影响，留给人们思考的同时充分挖掘历史遗产，找到了一些时尚设计师在德国设计的奇妙的矿工服装。同时留意到，一些意大利矿工子女制作的音乐在20世纪五六十年代很受欢迎，以及漫画书中有对这些矿场的描绘。所以我们试图从各个方面来观察矿工的生活，并且希望能够找到新观众，使这个社区以及其他相似的地区进行自我思考，通过现代美术馆资源做这样的尝试。

/ 图 4　遗产保留常规化

许多双年展有很大的潜力来阐释或解释当代艺术制度与历史遗产间的矛盾关系。这种矛盾关系，可以对当代制度进行实验性的挑战。双年展和艺术馆之间最不同的在于，当代艺术博物馆是建立一个文化框架来决定其内部所开展的文化活动。而当代艺术双年展是在后观念主义活跃的时代，关注世界，关注自身后，再定义自身与世界间的关系。我们要持续思考如何来看待外部世界，以及外部世界与自身是什么关系。

当代流行文化的转瞬即逝，其中哪些是当代艺术机构策划艺术活动时值得思考的？研究当代艺术制度的局限，积极改变制度现有的形式，从不同的角度来探索艺术与政治、文化之间的关系。探索艺术的本质、艺术举行的地方、艺术家所发挥的作用以及关注艺术的原因等，这些问题都具有无限的可能性。如果理解了艺术双年展和艺术博物馆之间的区别，就具备了艺术博物馆之外的框架。但是很多策展人常常给艺术家设置很多的框架，而艺术双年展需要努力扩展界限，从而探索更多的可能性。不同人群面临这些项目时，其想法不同，所追求的目的不同，艺术与政治在文化生产的过程中会涉及的关系也就不同。每个机构或艺术博物馆都已具备一些力量，来建立一个既定的框架。而双年展就是克服这些局限性来探索不同可能性的场所，其也和政治密切相关，当涉及历史遗产时往往是非常具有政治性的。当代艺术不仅涉及当代的艺术参与人，同时也涉及过去的力量，具有理性思考的人不一定活跃于当代，他们让艺术创作更加复杂，从而影响现代的艺术创造及现在所要实现的目标或作品。

部分艺术作品中都是雕塑，而雕塑家是如何安放机器背后这些东西和处理这些遗址的？在现代化的西方文化中，很多老建筑遗留着一些奇怪的传说和历史，从政治的角度看到这些旧厂房、老工地，首先想到如何处理它和现代政治的关系，以及在处理过程中会对未来产生什么影响。而占据这些旧址，就得想到如何诠释它们与那些奇怪的传说和历史。

当代艺术要和遗产互动的关键在于如何与过去留下的"灵魂"或"遗产"进行交流。当今的很多想法打开了更多的可能性，但仍有一些是无法预见的。我从亨克宣言展得到的最大收获是：如何在不影响过去的空间历史价值的情况下把遗产利用起来。生活在旧时代的人们如何接受未来的改变、如何与预想不到的事物进行对话是我们需要处理的问题。遗存是过去和未来之间的纽带，还有很多的问题是无法理解也无法了解的。因此保留老建筑中的遗址，需要把握这次与过去交流的机会，在旧的空间中做新的尝试。

讨论环节三
Discussion III

讨论嘉宾：

Cuauhtemoc Medina（夸特莫克·梅迪纳）

Michael Bhaskar（迈克尔·巴斯卡尔）

戴　明（Dai Ming）

范　勇（Fan Yong）

张　同（Zhang Tong）

杭　间（Hang Jian）

主持人：

Karen Smith（凯伦·史密斯）

杭间教授和戴明先生前面都提到，看事物的角度取决于自身的视角，视角不同，看到的事物就有很大不同。

/ Karen Smith（主持人）

/ 张同　　"过剩"是几个关键词之一。从哲学层面考虑，"过剩"应该从绝对的过剩、相对的过剩、正在生长的过剩这三个角度来看其概念，然后再决定如何解决。

此主题则强调在过剩时代中的机遇与机会，而机遇必须有需求。如今强调的需求包括今天的需求、明天的需求以及未来的需求。面对"过剩"，如不把需求找出来、做准备，机会是很难抓住的。针对这样的结构，其实有很多好的例子和好的经验。现在的过剩仅仅是产能上的过剩，而那个时代的一种精神、一种承载以及一种遗存，甚至是城市工业化发展过程中的一段时间记忆，这些可能并不"过剩"。

从整个城市发展进程来看，需求随着技术和人类社会的进展也在发生变化。请艺术家入驻是因为艺术家始终具有排斥其他、挑战自己的特性，而这个挑战始终面向未来的自己。因此艺术家的入驻可能会"破界"地来策划或计划未来的愿景。这样会给当地的居民以及城市的未来发展带来很多机遇。如果我们在整个改造过程中好好把握这几个层面，未来将是一个创举。

/ 范勇　　对于研究经济或金融的人，其视角是在看过剩的机遇。而过剩的机遇主要是基于中国过去40年的物质消费历程，此物质消费历程所形成的结果，反映了经济在高速增长的过程中物质财富的积累。此过程中的物质财富积累到临界点时，就会发现这其实是个负累。在过去很多年消费是一个被割裂的状态，大家在经济消费领域里不断努力，但文化消费和精神消费却是空白的。因此，对于中国十几亿人口来说，这40年被压抑的精神消费是一种巨大需求，而艺术需要激发需求和过去产能过剩间的新关系，既是一种创造力又是一种通过艺术教育而产生的新启蒙，因此我们要理解精神消费的含义及范畴。

这种巨大的精神消费需求与过剩的物质经济之间会有什么新结合，而这种结合又需要怎样的载体。这种载体在城市发展过程中主要体现在过去的工业空间库存。实际上许多商业空间并没有得到良好的发挥和利用，一些社区文化的设施非常简陋，甚至空白。因此，在谈论城市发展的过程中，应将功能性社区转型为人文社区作为新的城市发展理念，而人文社区的要求就是文化艺术的发展和填充。回首过去的全球发展历程，法国于1951年诞生了《1%公共艺术采购法案》，政府强制要求拿出新建筑建设和老建筑改造的1%的预算，用于支付公共艺术参与社区文化建设中的费用。这就是中国的新时代，要考虑怎样在城市发展的供给和需求之间有个更好的载体。艺术本身就是一种空间的艺术，把空间利用好将可实现未来人文社区的构建。

/ 戴明　　我从事城市规划管理的工作。今天的主题从城市的空间或者土地的角度来讲有两个方面。

第一，过剩本身是一个相对的概念，如果站在城市角度讲，中国近三四十年来快速的城市化过程中，城市化率以每年1%的数量增长，城市在扩张、产业在转型。站在乡村的角度来讲，可能乡村的土地、空间、人口都在极度萎缩。站在整个中国的角度来讲，土地的利用效率在提升，因为城市对土地和资源的利用远远高于农村地区，因此从这个角度来讲过剩是相对的。

第二，更多关注过剩本身的数量。过剩本身给我们提供了很好的机会、提供更多提升空间的质量以及功能的负荷，更提供了更多产生创意活化的地方。从管理角度来讲，对于原有生产方式转化后的生产空间，比如现在的厂房在杨浦区的试点，要求在土地出让过程当中，建设单位或开发商要有1%的建设成本用于公共艺术的设计和建设，同时在城市规划过程中，对现有的工业园区和一些原有的居住区进行保护，通过政府的专项的资金引入社会资本，共同进行保护。刚刚凯伦·史密斯讲到，共同保护之后会提供一部分低成本的文化创意空间，以保证现有的文化和创意

作家和作曲家已经不能靠其作品版权来维持生存了，现如今所做的艺术城规划更是在寻求一种经济模式，一些空间确实可以产生不同的艺术，但政府并不一定会为其投放全部资金。那么，我们如何来构造艺术经济的生命力，艺术城到底要如何考虑这种艺术的组建，难道只是把一些音乐厅汇聚在一起？

/ Karen Smith（主持人）

艺术：钢铁之都的蝶变　Urban Transformation Through Art

　　由于人民生活方式的转变，不但艺术学校得到了扩展，大学及教育也都得到了扩展。刚才迈克尔提到，现如今自动化的发展给人们所带来的影响，有些人之前在做农业或者制造业，可现如今已经不需要这些人力了。去年做了调研，看到了中国的城市化人口第一次超过了 50%，因此我们需要对一些空间功能进行重新构建。如今一些艺术学院有相关的专业课程，比如，希望通过策展来吸引一些人口转移。刚刚杭间教授提到一些小城镇也有角色的转变，那这个问题又该怎样来看待？

/ Karen Smith（主持人）

产业能以低成本存在，让更多的艺术家和学者参与进来，而不是在空间利用的过程中不断地士绅化。上海的例子有很多，像 M50、八号桥的租金越来越有提升，政府意识到这个问题后，不断通过规划、专项资金以及一些文化创意产业基金来支持文化创意的发展。

/ Michael Bhaskar　　这是一个很重要的问题。世界各地都做了很多研究来发现一个现象，就是人工智能的崛起，其可能是引领下一个自动化的潮流。如今的美国和中国在人工智能方面处于领先地位，我们将人工智能与机器人相结合，从而产生新现象。因此以后所有从事工业的生产都可以通过人工智能和机器人来完成。对于中国而言，这不仅是一个巨大的问题也是一个巨大的机会。回首英国过去 100 年的历史，可以看到英国的经济一开始是以制造业起家，但某种程度上逐渐工业化了，因此现在英国必须翻牌重来，重新打造自身。英国在某些方面是很成功的，而有些方面又不太成功。不仅一些新产生的工作不太好，原来的工业也不知去了哪里。当今人工智能飞速发展，未来 20 年使用机器人进行生产肯定成本更低、效率更高。虽说中国在人工智能方面很领先，可这这带来了一些问题：这些农民工以后该做什么，这恐怕要杭教授，我们讲到有机发展这个概念，昨天我们也听到了泰特现代美术馆也是分阶段来发展，才能更好地适应现实，因此我们想问：798采用的是一种西方的方式，那是不是要用中国元素才能够让它更有持续性，才能连贯一致地发展？你对这种所谓的遗产重建有什么建议，如果它就像个幽灵重建一样，那怎么把它带到未来？

/ Karen Smith（主持人）

进入一个策展经济。我们在文化产业或对文化过剩管理方面会创造一些新岗位。如今我们已经看到了部分现象的发展，那么在接下来几年会进一步发展自动化。并不是说文化是世界的拯救者，但是文化确实发挥了很大作用，在创造就业以及经济发展方面有不可或缺的作用。

/ 杭间　798重建的背景是20世纪90年代以后，西方大量的艺术资本进入中国发展。所以最早入驻798的画廊有60%都是欧美的，有20%是中国香港特区和中国台湾地区的，因此早年的798的改造模式是由一些艺术资本主导的。所以现在看来当初对798空间的改造有些过于匆忙，虽然里面也有20%的中国资本，在座的苏丹教授就是这其中的中国资本之一，但是他们太微小了。我现在要说的是，在中国过剩和艺术生产之间有两个非常重要的特殊性。

一是中国的土地政策、土地使用以及建筑的所有权，这些跟全世界都不一样，它只有70年，因此这就意味着无论是国有资产的艺术区改造，还是新的房地产商对某一个区域的改造，是具有中国非常独特的土地以及建筑使用的年限和政策在里面的。因此导致中国艺术区的开发有不确定性，这跟许多西方国家是不一样的。在这里可以看到很多艺术区的衰弱或繁荣，有深刻的艺术以外的因素在里面。

二是前不久中国的政府体制改革，中国的文化部改名为文化和旅游部，这意味着中国的文化生产产生了一个非常重要的变革。过去很长一段时间中国文化都被认为是一种政治、一种意识形态，但如今在中国的政治和文化格局中把意识形态和文化生产区分开了，因此未来艺术区的改造更多是在文化生产的局面上展开。其有可能是英国的模式，是当代的科技影响下的创意产业，也有可能是美国的模式，是文化娱乐的一种生产。所以像今天这样的论坛讨论对于中国的这种过剩和艺术生产之间的关系是非常具有建设性的。

艺术：钢铁之都的蝶变　Urban Transformation Through Art

/ **Cuauhtemoc Medina**

我们今年晚些时候就可以看到2018年上海双年展，我非常期待看到你如何来规划组织上海的双年展。时间有限，看看在座的各位观众是不是有问题问嘉宾。

下面还有一个问题想问各位，昨天有人提到了过剩道路引领我们通向智慧的宫殿，很多时候人们都非常具有批判性，有的时候我们从一代到另一代人们的思想会有很多的变化，人们使用的工具也有很多的变化。大家认为过剩的道路是不是会引领我们通向智慧的宫殿呢？

/ **Karen Smith（主持人）**

你的问题是非常有意思的问题，这就是当代艺术所面临的一个重要问题。如果我们还是关注美术或者高雅艺术的话，会发现这个艺术或许面临着过剩，或许有一些非常好的典范。回到昨天观众所提到的一个问题，我们都希望能够超越这个主题本身，希望能够创造一个非常出色的、非常先锋的典范，因为艺术是非常纯粹的消费，与一些商品领域的消费不同。希望在这种艺术馆，艺术家们能够发挥更重要的作用，他们能够真正创造出一些非常独特的、打破规则的东西，创造出一些特别的东西，创造出具有象征意义、具有典范意义的作品。与此同时，由于他们打破了规则，那他们是不是能够代表周边的社会？因此我们要问的问题就是，文化生产、文化创作到底能够带来什么？

事实上你希望能够通过一个艺术的创作树立一个典范，能够制定一个标准吸引人们到这个领域来。有的时候你面临很多过去的幽灵、面临着同伴的压力，害怕所创作的作品会受到别人的批评以及别人会对你的作品指手划脚，也有人告诉我去考虑他们面临的界限是什么。研讨会上我们不是考虑那些专家的意见，而是说这个历史遗存的地区，所有利益与他们的一些相关想法。比如说博物馆、政治家以及曾经在这个历史矿产区工作过的矿工，把他们的意见都集中在一起，我觉得这个是非常重要的，就是能够吸收所有利益相关者的看法。

在我们这一行当中，我们也经常在思考如何来创造多元性，我们知道在一个过剩的时代也意味着我们缺少足够的时间来进行创作，这是一种悖论。我们艺术创作能够一方面展现多元性，来包容各种不同的复杂的声音，然后来探索这个时代所提供的各种可能性。我们总是希望让人们能够创造出特殊的时刻、具有象征意义的时刻，当代艺术和文化的一个重要的工作就是要向其他人来传递这种复杂的体验，让人们面对各种不同的情境，让人们知道在同一种情况下可能有不同的角度来进行解释，来进行解读。在社会发展形成的过程当中我们可以找到不同文化的点，或者能够跳出你思维的局限来看到各种影响的因素。从物质的角度来看，我们的一些项目，或者文化的项目，它们的确有自己重要的作用可以发挥，我们可以有不同的理解方式，所以要来衡量就非常的困难。

/ Cuauhtemoc Medina 威廉·布莱克的想法是想建立起基督教的理性，不要指望中庸或者智慧能够完美融合在一起。我认为当代的艺术应该关注社会各方面的问题，它能够发挥这样的作用。我们的确生活在一个过剩的时代，我们必须勇敢地面对这个复杂的现代社会，必须要接受这个过剩的现实，必须接受这个复杂的现实。

/ Michael Bhaskar 如果大家可以看到这个世界消费的历史，它是一个升源性的，大家可以看到威廉·布莱克他是要找到匮乏和过剩之间的平衡。我们可能是生活在一个过剩的爆炸的时代，事实上我们承担着这样的责任，所有人都有这样的责任来找到一个方法，来确保我们所生产出来的巨大体量的东西不会把我们淹没在其中，所以我们每个人都应该成为世界的策展人。

/ 杭间 我觉得不应该对解决过剩寄予过高的希望。对过剩的解决总会是被动的，我希望是对于过剩的解决方案能够反过来引起我们思考如何去认识过剩和避免过剩。

/ 范勇 过剩实际上应该是一个经济学名词，它是解决供需之间矛盾的一个解释。中国现在进入一个全新的时代，从国家的层面已经在谈美丽生活，我们在研究什么叫美丽经济学，实际上我们认为社会现在进入了一个新的时代，大家有了审美的要求，审美带来了新的社会发展动力，这背后有一个非常深刻的经济原因和经济逻辑。所以我们认为艺术和现代社会的融合越来越多地发生在艺术创造力、艺术消费以及经济之间的碰撞，这个过剩实际上是阶段性的，大家站在不同的维度来看这个社会什么多了，什么少了，其实我们应该更多地认识到这种过剩一直会有变化，它只是在不断地追求一种新的平衡，所以我认为艺术在这个阶段发挥主要作用。

/ 张同　　过剩无论在西方还是东方，是整个社会快速发展的产物。从整个人类发展来讲，我们不应该担心过剩，将来随着人类思考的问题和整个长远发展的规划，和各项技术的推进，过剩会有节制地发展、有次序地推进，所以这中间更需要我们发挥集体智慧，避免过剩的出现，避免造成资源浪费。

感谢诸位提出很多不同的线索，大家其实还有很多可以贡献，但由于时间有限我们只能在此感谢各位的发言和探讨。

/ Karen Smith（主持人）

/ 戴明　　我对过剩是比较乐观和积极的，我认为过剩是相对的，随着人的需求的变化和事业的拓展，过剩本身是能够激发我们的创造力和活力的根本源泉，所以我相信对于艺术而言，过剩本身提供了一个很好的机会和空间。

审美，城市的美学追求
Aesthetics: Pursuits of the City

城市美学包括了一个城市整体形象的外化体现及其内在成因的理致，其中的每个元素成为其色彩光谱的一个纬度，亦折射出这个城市作为整合体的特性。

艺术：钢铁之都的蝶变　　Urban Transformation Through Art

伊娃·弗兰奇·伊·吉拉伯特是一位致力于探讨艺术、建筑实验形式的建筑师、策展人、教育家，擅长创造另类的建筑历史和未来。2004年，她成立了个人建筑事务办公室，自2010年来，担任纽约艺术建筑临街屋中心首席策展人兼执行董事。

目前，她在柯柏联盟建筑学院任教，并曾任教于哥伦比亚大学建筑规划及保护研究生院、IUAV威尼斯大学、布法罗大学建筑与规划学院、莱斯大学建筑学院。吉拉伯特在国内外教育及文化机构发表了一系列有关艺术和建筑的演讲，强调替代做法在构建和理解公共生活中的重要性。

吉拉伯特获得了无数的奖项，她的作品在国际上展出，包括在FAD巴塞罗那威尼斯建筑双年展、威达设计博物馆和深圳建筑双年展等。2014年，美国国务院委任吉拉伯特及其项目OFFICE*US*代表美国馆参加第十四届威尼斯建筑双年展。

伊娃·弗兰奇·伊·吉拉伯特当选并于2018年7月出任英国建筑联盟学院（AA）校长。

伊娃·弗兰奇·伊·吉尔伯特

Eva Franch i Gilabert is an architect, curator, educator and lecturer of experimental forms of art and architectural practice. She specializes in the making of alternative architecture histories and futures. Since 2010, Franch has been the Chief Curator and Executive Director of Storefront for Art and Architecture in New York.

She is a professor at The Cooper Union School of Architecture and has taught at Columbia University GSAPP, the IUAV University of Venice, SUNY Buffalo, and Rice University School of Architecture. Franch has taught and lectured internationally on art, architecture, and the importance of alternative practices in the construction and understanding of public life at educational and cultural institutions.

She has received numerous awards and fellowships, and her works have been exhibited internationally including FAD Barcelona, the Venice Architecture Biennale, the Vitra Design Museum, and the Shenzhen Architecture Biennale, among others. In 2014, Franch, with her project Office*US*, was selected by the US State Department to represent the United States Pavilion to participate in the XIV Venice Architecture Biennale.

She has been elected to be the new Director of the Architectural Association in London starting in July 2018.

标新立异：全球力量时代的艺术、建筑和设计

Producing Alternatives: Art, Architecture, and Design in the Age of Global Powers

伊娃·弗兰奇·伊·吉尔伯特　　Eva Franch i Gilabert

摘要： 本文通过模糊临街屋项目的边界，试图对建筑的本质进行重新思考。通过制作纽约新纪念品，考察了城市中到底什么对市民是重要的。借由OFFICE*US*项目探索了不同建筑师合作的新模式。通过给市长的一封信、给开发商的感谢信、学生调研等活动，尝试对建筑师和政治进行结合。最后通过纽约建筑书展等项目，展望了重写历史的可能性，提倡运用新视角来重新看待我们生活的世界。

关键词： 临街屋；建筑；城市

Abstract: This paper tries to rethink the essence of architecture by blurring the boundary of frontage houses. Through the production of new souvenirs in New York, the author thinks about what is important to citizens in the city. Through the OFFICE*US* project, she explores a new mode of cooperation among different architects. Through a letter to the mayor, a thank-you letter to developers, student research and other activities, she attempts the combination of architects and politics. Finally, through the New York Architecture Book Fair, she looks forward to the possibility of rewriting history, and puts forward the application of new perspectives to re-view the world in which we live.

Keywords: Frontage houses; architecture; cities

艺术：钢铁之都的蝶变　Urban Transformation Through Art

本文希望从艺术与建筑临街屋中心的角度，来思考"我们在谈论艺术的时候意味着什么"，探讨建筑的定义，从而促进对上海——这座艺术城市的发展定位的重新思考。作为一个艺术机构，艺术与建筑临街屋中心与其他机构相比规模较小，因而我们在思考艺术一词时有不同的视角，可以提出不同的问题，即艺术和建筑的"合"：如何将艺术和建筑相结合，一起思考城市的变革？

李龙雨教授也谈到了一些人类社会的变革对于艺术的影响，涉及一些词语，比如过去曾使用过的"乌托邦"，很多词的使用频率不断增加，这也包括另类词，再比如现在被人们越来越频繁使用的词——创意。在当前世界，艺术家和建筑师可以分成三类：创造者、推动者；煽动者；形象的记录者。在回答人类如何一起生活、如何能够相互联系等问题之前首先需要回答：什么是城市？城市的美学到底是什么？城市到底需要什么？为什么城市美学很重要？

从某种意义而言，每个人都是学生，可以把自己看作一个促进者，不断推进事物的变化，作为一个推动者，将人们聚合在一起，建立社区合作体。在建筑设计中，希望借此表达一些继承下来的价值，换言之，通过建筑的建立来传递一种美学、一种价值。从这个角度而言，虽然我不是推动者，但我是一个重要的煽动者，提出一些难以回答的问题。推动者、形象创造者、煽动者这三种人常常整合在一起发挥作用。作为积极的煽动者，我们是往前看的，是引领的。比如图1，这座建筑的名字为"前卫"（Vanguard），前卫的建筑应该有怎样的形象，确实值得探讨，但它不应该是图中的模样。

/ 图1 "前卫"建筑

艺术家们总是希望使用一些有意思的词，因为他们不希望成为某种现存俱乐部的成员。有的时候需要跨越边界。

图 2 是 1982 年第一届临街屋开幕式的场景，看上去场面虽然比较混乱，但我们就是希望有这样一种效果。

/ 图 2　1982 年第一届临街屋开幕式

1982 年，当我们看这些模型和大楼时，都试图发挥想象、做出创造。比如，我们试图将建筑内部和外部相结合，即模糊大街和画廊之间的界限。我们还尝试把公共厕所嵌入墙内，从而对现有介质发起挑战，用这种外墙表面来表明街道并不是分界线。

基于这一想法，我们展开创作，探索建筑的可能性。2005 年开启了临街屋项目的第一个建筑展。它看上去有时像一个学校，有时像一个晚会，有时又像别的介质。总之，任何一项事物都不能被某个标签所界定。

其力量到底何在？通过将建筑的外墙和内部融合，将街内外相联系，希望能让年轻人和传统融合。此外，即兴发挥也是一个主题。活动未必有固定的标语，参与者往往席地而坐，或坐在任何可以找到的平面上，而参观者 1 年大约有 6 万—8 万人。

艺术：钢铁之都的蝶变　Urban Transformation Through Art

其实，很多时候人们并不理解自己是否在参观，可能只是走在大街上，有时在画廊内，有时在画廊外，有时在数码空间中。这样，临街屋能够超越实体空间，让大家离开建筑而去感知结构。

有些问题很难回答，但却能促使我们思考。我们在其他项目中做了类似的尝试。从城市美学的角度而言，到底怎样的城市是重要的？是相关的？城市到底代表什么，是否等同于以市政府为代表的治理机构？到底应该用什么衡量？我们时时刻刻都在被衡量，那我们能否通过建筑来质疑当前的衡量方式？我们的项目尺度有的堪比特朗普大楼，有的类似自由女神像，有的则是一个地铁站。我们应该如何去衡量和思考它们的价值？

我参加过很多展览，做过很多作品，希望能捕捉空间的本质。通过下面项目来说明（图3），我们就是空间中的一个杠杆，可以撬动整个空间。这个空间中的绘画作品都在出售，以发掘艺术中的价值，从而帮助人们更好地理解艺术美学（图4）。

／图3　撬动空间的杠杆

／图4　出售的绘画

一个城市中到底什么是重要的？一个城市到底想要什么？这是在去年的展览时试图回答的问题——到底市民想要什么？政治家们想要什么？在研究过程中，拍摄了关于纪念品的照片，来探讨如果要做一个纪念品，大家离开一个城市时想要带走什么来留住记忆（图5）。这个纪念品会是什么样的，是一栋大楼，还是代表某种想法？在该展览中，邀请了30—50个建筑师及设计师来创造一个新的纽约的象征，最后通过3D打印制作出来（图6）。通过这样的方式，对美国人的住宅进行思考，并提出新的住宅样式，使其有进入市场的可能。

第一部分　论坛

/ 图 5　对纪念品的研究

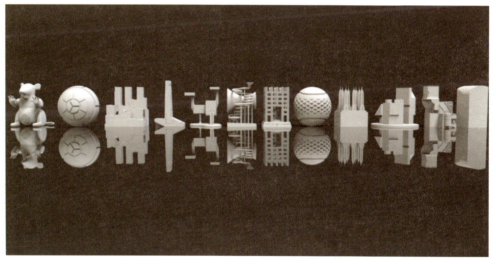

/ 图 6　新制作的纽约的象征

这些小"雪球"未必能完全捕捉住最美丽的、最奇妙的景色，但却浓缩了生活中美丽的场景，上海也是如此。去摇动这个雪球，可能会让世界变得更加阴暗，但这也会促进大家思考，我们应该如何对待这个世界。其中最关键的问题是：到底是不是要建造一座好的建筑？但也要对这一问题本身提出质疑，因为它未必正确。

很多建筑都只是反映了市长或者房地产商的愿望，它们往往只是仿制其他国家的一些成功想法。为什么不停下来一起来思考是否可以再换一个角度：或许我们并不需要一个新的剧院、歌剧院，而是别的。这样的反思确实有其必要性，因为我们现在所继承的一切都有所谓的特定的身体政治学。因此，临街屋计划试图让大家换一个角度去看问题，从未来的视角来思考我们的城市。我们举办一个竞赛，也试图

— 159 —

探讨应该由谁来做评委评估,到底什么是好想法?竞赛的获胜者提了一个很好的问题:我们应该拆掉怎样的楼?换言之,建筑不仅有关建造,而且也有关拆除。继而引发更多新问题,例如思考建筑环境问题,流浪汉问题等。

除了探讨建筑的本质,我们也通过 OFFICEUS 项目打造新的集体创意。很多双年展需通过一个权威把大家汇聚起来,例如威尼斯建筑双年展就是如此。而 OFFICEUS 就是为了威尼斯建筑双年展所做的项目。在双年展中,很多人同时出现在一个地方,但他们有可能来自世界任何地方,很多建筑事务所都有自己的项目,因此我们可以把他们视作一个建筑师集合。通过大家创作的作品,来探讨建筑师应如何采用最佳实践。

图 7 是威尼斯建筑双年展展馆中的美国馆。我们要探讨及研究的是这些建筑和构筑物怎样能在全球范围内形成交流,最后形成 1 000 多份的问卷,汇聚建筑与建筑事务所的故事,提出建筑师这些年来所面临的问题。

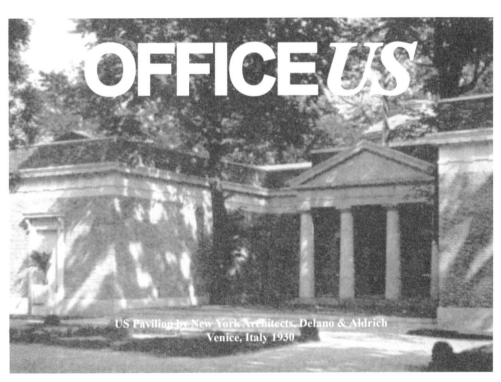

/图7 美国馆

建筑师也是艺术家,可以探讨其最初的想法以及演变,从历史的视角来了解建筑师个人与创意想法间的关系、与政治权力的交织等,这既是对历史的研究,也是对建筑师的研究。

西班牙毕尔巴鄂的古根海姆博物馆在建成后第一年所吸引的投资就超过了投入，不仅从一开始就在经济上取得了成功，而且让毕尔巴鄂成为所在地区的文化之都。经济学家以及其他研究者往往喜欢从经济的角度来看待文化问题，他们认为文化问题需要一种竞争性价值，就像人们愿意赞助体育竞赛一样。我们用红点代表项目、项目背后的公司及他们的对话，从而将现在和历史结合，使观众在看到一座建筑时能想到背后曾有一群人在电脑上或图纸上进行设计，创造好想法，将其变成现实，也展示了未来的空间应该如何建造。

研究显示，女性建筑师在很多现代建筑机构发挥重要作用，这也让我们思考如何让女性建筑师在我们的环境中发挥重要作用，让她们成为重要的战略思考者。

图8中的5位男性正看着这些建筑的模型，他们探讨建筑的方式与当今的我们是不同的。我们邀请6—8人来成立一个新的建筑公司，在这些场馆建筑中不断地进行试验，思考如何做出不同于以往的建筑，如何创造出新的理想化的商业模式。6个月的合作让我们了解每一个建筑师是如何在不同的国家响应不同的社会需求，并带来各自的文化背景下和国家背景下的特色，重新书写建筑师的历史，继承历史遗产，面向未来创造新建筑。

/ 图8　柯布西耶等5位男性正在探讨建筑

近来的一个议题是：如何对味道进行考古？20世纪40—60年代，人们闻到的都是松脂的味道，与现在的味道完全不同。我们如何保留味道的记忆？我们是否可能留下某一空间的味道，并重新设计一种味道，来重现过去的记忆？总而言之，有很多故事要讲述、要调查，需要找到一种方法来提问、工作和创造经济价值，而且要能找到真正的愿景，并将其创造出来，从而改变未来。因此，要向艺术博物馆和艺术机构学习，建立合作，共同创作一种新的模式。

此外，还要和政治联结。很多人认为艺术是快速的，能及时反映政治事件，但事实上艺术是缓慢的，需要花很多时间才能创造。因此，有一个重要的问题：如何快速行动？如何能够在人们尚未意识到问题时就创作出艺术？要解决这一问题，需要政治与艺术之间相互合作，相辅相成，从而实现变革。并非所有人都能在一夜之间成为诗人，可他们依然想写信给纽约市长，和决策者、建筑师连接起来，让他们能与艺术紧密结合，相互影响，共同承担责任，促进社会和经济的变革。

2014年，在纽约的一个项目中我们邀请了50位建筑师参与，其中48位是女性，只有2位男性建筑师。事实上，要找到这些男性建筑师参与非常困难，但我们希望项目能尽可能地包容不同的建筑师。这个项目的目的在于找到每个城市所面临的独特问题，通过建筑师的广泛讨论来解决这些问题。到目前为止，此项目让所有建筑师齐聚一堂，还有一些政治家，比如巴拿马的市长，来共同讨论当代城市所面临的问题。这不仅能让市长免费获得艺术家的想法，也能够让建筑师和决策者更接近。例如，我们邀请到了马德里市的市长及一些驻马德里的大使，让他们共同探讨如何改变马德里城市的天际线。

所以，让决策者和建筑师结合起来的方式，既产生了有意思的想法又更充分地关注了别人的想法。我们不仅写信给有权力的人，还写信给开发商。因为大多开发商对艺术家持批评性的看法，我们则让所有艺术家给开发商写一封感谢信，感谢他们为城市所做的贡献。我们如何通过这样的形式让大家参与对话？有一个开发商说他希望通过我们来宣传他们的项目，这个开发商很感谢给他写信的文化机构，感谢在他们开发过程中提供的想法，感谢创造的价值，这就是文化对当代城市发展所产生的力量与影响。

之前谈到双年展、艺术交易会之间的区别。现在我其实是不太去参与双年展的。曾经参加迈阿密巴塞尔展的时候，看到了一些拙劣的画作，感觉就像去了一趟阿姆斯特丹，倍感伤心。事实上，很多艺术家正在世界各个角落进行伟大的艺术创作，但却不为人知。因此，为什么不能利用新的技术来制作一个全世界的双年展？这样，人们就不需要奔波于各个双年展。把所有双年展结合起来，当了解新的项目时，只需给艺术家一个平台来展示自己的作品。就不需要文化机构来组织双年展和去双年展了，艺术家也不需要花费大量金钱来参展。这个想法在技术和能力上都没有问题，只需通过一些资金赞助来邀请世界各地的艺术家参与此项目，探讨如何将一些非常大胆且异类的想法展现在公众面前，同时我们也获得了一些财政支持，这说明筹集资金的渠道有很多。

下面是个很具实验性的项目：学生去各个地方进行实地调查，如底特律的锈带、纽约北部、密歇根地区等，与当地社区交流，然后通过各种形式来收集这些信息，找到当地的问题，放在一个个盒子中（图9）。

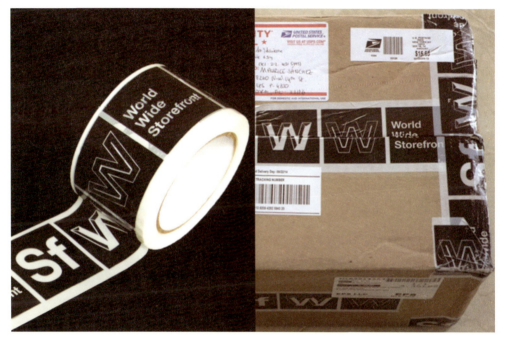

/图9 问题盒子

我们不需要重写历史，但我们要仔细思考我们所继承的这些过去的历史。其实它们非常相似，因为很多文化都已西化，共同的历史使其更好地聚集起来，来思考出版的这些书籍、所经历的这些历史能够带来什么，从而撰写一些著作留在未来。2017年10月的纽约建筑书展让我反思，每个建筑师都为建筑史打造和贡献了知识，这些书籍要比建筑留存得更久，而那些知识又比书籍留存得更久。因此，我们希望通过建筑书展体现这一想法。在第一届纽约建筑书展时，我们邀请了1 600位来自不同行业、有不同专长的人，让他们把知识汇聚成集体智慧。我们所知道的、不知道的各种书籍最后都进入了纽约图书馆。从这个角度而言，书展也有些像重写历史，而如果我们真的要重新书写历史，我希望是用一个新的视角来重新看待我们生活的世界。

艺术：钢铁之都的蝶变　　Urban Transformation Through Art

安德鲁·布华顿，现任普利茅斯艺术学院院长和首席执行官、普利茅斯创意艺术学校成立理事会主席、上海大学上海美术学院名誉教授。曾任普利茅斯艺术中心理事会主席、沃尔夫汉普顿大学艺术设计学院院长、达汀顿艺术学院院长。曾任职于多个国家机构——GuildHE副主席、文化学习联盟指导委员会成员、工艺协会教育咨询小组成员和创意产业联合会英国咨询委员会成员。

他曾多次在海外进行客座演讲，近年出席的活动和地点包括：上海西岸艺术中心、泰特现代美术馆、巴黎大皇宫、格拉斯哥市创意产业研讨会、德国 Loheland 教育学会、克勒肯维尔设计周、法国艺术工坊、艺术行动、韩国清州国际工艺双年展、北京设计周等。

他毕业于英国剑桥大学英语专业，曾在当代艺术和教育杂志、画册和书籍中发表过诗歌和论文 60 多篇，包括有关中国行为艺术家何运良、中国画家薛广臣、琉璃艺术家安托尼·莱伯利尔、科林·里德和基恩·卡明斯的论文。他的著作《琉璃中见般若》在中国台北（2012 年）和上海（2013 年）出版，该书讲述了佛学和杨惠珊的艺术创作。2011 年 4 月，有关他对中国艺术和设计教育之贡献的著作《布华顿》在上海出版。他的论文《学习：艺术教学案例研究》在《挑战审美构成》（比勒费尔德，2017 年）中发表，介绍了普利茅斯学院在其学校建筑——红房子中的艺术创作。

安德鲁·布华顿

Andrew Brewerton is the principal and chief executive of Plymouth College of Art, founding chair of Governors of Plymouth School of Creative Arts, honorary professor of Shang Academy of Fine Arts, and the chair of Trustees at Plymouth Arts Centre. He was formerly dean of Art and Design at the University of Wolverhampton and principal of Dartington College of Art. Served on various national organizations, he was the Vice-Chair of GuildHE, a member of the Steering Group of the Cultural Learning Alliance and the Craft Council's Education Advisory Group, and a member of the Creative Industry Federation's UK Advisory Council.

He has given guest lectures and seminars internationally and been present at West Bund Art Center of Shanghai, Tate Modern, Révélations at Grand Palais of Paris, City of Glasgow Creative Industries Symposium, Loheland Stiftung of Germany, Clerkenwell Design Week, Ateliers d'Art de France, Art in Action, Cheongju International Craft Biennale of South Korea and Beijing Design Week in recent years.

As a graduate of Cambridge University majored in English, Andrew is a poet and author of more than sixty journal and catalogue essays and books on contemporary art and education, including extended essays on the Chinese performance artist He Yunchang and the painter Xue Guangchen, and on glass artists Antoine Leperlier, Colin Reid and Keith Cummings. *Glass Tantra*, his book on Buddhism and the glass art of Yang Hui-shan, was published in Taipei, China (2012) and Shanghai (2013). *Brewerton*, a book-length Chinese monograph on his contribution to Art and Design education in China, was published in Shanghai in April 2011. "Making Learning: Eine kunstpädagogische Fallstudie", an extended essay on Plymouth College of Art's work at The Red House, was published in *Herausforderung ästhetische Bildung* (Bielefeld: Aisthesis 2017).

空间并不包含能量：能量创造空间 | 在后工业遗产中生活
Space does not Contain Energy: Energy Creates Space | Living in a Post-industrial Heritage

安德鲁·布华顿　　　　Andrew Brewerton

摘要： 本文从普利茅斯的工业时代遗产入手，以普利茅斯艺术学院为例，探讨了在后工业遗产中如何通过创办艺术院校来改变现有教学理念，改变社区环境，培养具有主动性、能够独立思考的人，提出了创作性学习的教育理念以及跨代际合作的学习模式。

关键词： 创意教育；后工业遗产；普利茅斯

Abstract: Starting from Plymouth's heritage of the industrial age and taking Plymouth College of Art as an example, this paper explores how to change the existing teaching ideas, change the community environment and cultivate people with initiative and independent thinking through the establishment of art colleges in the post-industrial heritage, and puts forward the educational concept of creative learning and the learning mode of inter-generational cooperation.

Keywords: creative education; post-industrial heritage; Plymouth

艺术：钢铁之都的蝶变　　Urban Transformation Through Art

语言是重要的但永远存在不足，体验是重要的但也并非一切，思想是重要的但不能仅靠它生活。作为一个作家和教育者，语言对我而言很重要，但也永远存在不足。

从语言入手。例如"遗产"，《牛津英语辞典》中"遗产"的含义是指我们继承的事物，是已经或者可能被继承的事物，常指某一土地上的财产，其权利往往通过继承获得。heritage 这个词可以追溯到中世纪的拉丁文，是指对土地以及财产拥有的法律所有权。经过时代的演进，当下主要指一些民族艺术文化以及工业的遗存。无论何时，其不同程度地代表了对过去遗存的保护。

如何理解遗产、如何从实体的和文化的意义上理解遗存、如何确定遗产或遗存在地点塑造和身份政治学中的角色，这都是需要思考的。1843 年，丹麦哲学家克尔凯郭尔在日志里这样写道："就像哲学家所说的，我们必须回首过去才能够理解现在的生活，但是他们常常会忘掉生活必须向前才能继续。"因此，艺术和创意教育是一种活着的遗存，不是一个空间创造了能量，而是能量创造了空间。

达比一世于 1709 年发明了高炉，用焦炭冶炼钢铁大大降低了炼钢成本，成为推动工业革命的重要动力之一（图 1）。

/ 图 1　煤炭小城夜景绘画

一位在英国全境旅行的作者非常忠实地记录了旅行感受：在普利茅斯燃烧焦炭的大火中诞生了新物品。这便是工业革命时期的场景。4 世纪左右，中国就有关于生产焦炭的记录，在六七世纪，云南省丽江市出现了最早的铁链桥。到 11 世纪，黄浦江附近开始使用焦炭作为一种燃料。

普利茅斯的高炉以及铁桥（图2）被联合国教科文组织认定为特定的科学遗产，是技术上的巨大进步，现有10个相关的博物馆以及35处历史遗迹。1797年，该地所建造的麻纺厂大楼采用了铁质框架，结构结实，骨架牢固，内部空间大。其可能是当今摩天大楼的前身（图3）。

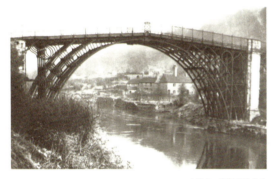
/ 图2　普利茅斯铁桥

/ 图3　麻纺厂

该麻纺厂正在被修复，并建造了一个学校（图4），这个设计机构也参与了上海吴淞国际艺术城建筑的竞标。教育的任务是要教会大家提问题，而艺术以及艺术教育转型的潜力如何发挥是关键，因此在教育中，提出正确的、合适的问题比寻找一个正确答案更为重要。

/ 图4　新建学校

只有创造了价值才能产生财务价值，只有创造社会价值和社会资本才能获得持续的经济价值，因此了解创造价值的过程是非常重要的。人具有主动意识，有目标的学习能激发人的主动性。2016年，英国的创意产业所创造的经济附加值有920亿英镑,其增长速度超过英国GDP增长速度一倍。据预计,2030年创意产业的增加值到将达到1 300亿英镑。而现在,英国创意产业创造的岗位已达到1/11,其规模已超过了汽车、航空、油气以及生命科学的总和。尽管90%的创意企业的员工不超过5人,但其是对抗自动化所带来的挑战和威胁中的最大力量。

普利茅斯艺术学院的标志是一个双螺旋的结构,看上去像DNA,充分展示了社会公平和创意结合的目标。学院有10个主张:(1)艺术创作、阅读写作以及科学、数学同样重要。(2)在你了解它之前就要进行创作。(3)艺术不是与生活有关,而是与生存有关。(4)学习的目的和生活的目的密不可分。(5)在艺术教育中,学习者不应隐藏任何主观的想法。(6)有目的的学习能够激发学习者的主动性,而非依赖性。(7)学习的空间能够激发或者限制学习的可能性。(8)学习空间提供或者减少学习的可能性。(9)空间并不包含能量,能量创造了空间。(10)作为学习者、艺术家,你的身份来自你的视野,而不是你的边界。它们贯穿于工作及教育当中,引人深思。

我上任第一年就决定要对创意学科采取一些行动,做出一些改变。经探讨,在了解创意学习和社会公平的基础上,主张积极采取行动,体系化地学习创新,通过学习主动来实现创意主动,从而通过对社区产生影响来创造社会公平。不同于普通学校的学生,普利茅斯艺术学院学生的主要目标是主动地思考。

2010年,时任英国首相卡梅隆访问我校(图5)。这种目标文化在当时的英国颇为盛行。学校都集中关注教学生通过考试,而不是更有创意地思考。为了做真正的学校,我们要采取行动来改变这种现象,希望能在大量的研究课题中创造出在创作中学习的理念。所有人类的创造其背后都有自身的意义和目的,要实现这些意义和目的必须掌握一系列的技能。

/ 图5 卡梅隆

2011年，美国奥巴马总统的艺术和人文委员会提出了21世纪需要掌握的技术：一是思维习惯，包括解决问题的能力；二是批判性和创造性思维；三是对模糊性和复杂性的处理能力；四是多项技能组合的融合；五是开展跨行业工作的能力。总体来说，就是希望培养出有批判性思考、能主动解决问题的学生。

食物对于创意至关重要，这是21世纪人类普遍关注的话题。艺术学院位于普利茅斯，希望通过入驻能推动最落后、最贫穷地区的发展。这里和前渡轮码头附近几英里的地都被我们购入，希望在这里创造一个没有走廊、没有教室的环境。旁边的社区是英国最破旧的1%社区，有很多如青年人酗酒、嗑药以及妓女泛滥等严重的社会问题。由于建造时对社区的大量提议，也曾遭到了红灯区产业的威胁，他们认为我们建造的红屋等建筑会对他们的生意产生影响。

我们关注每一位学习者，将通过创作学习，激发他们内在的学习动力。希望每个学生从4岁开始就能意识到他们是自己学习体验的主导者，因此不要他们总是去猜老师将会出的题目，而是应该对自己的学习负责，我们希望每一所公立学校都能采用同样的做法。虽然会面临很多质疑和询问，但我们依然采用与别人不同的教学方法，让学生参与到以项目为主导的学习中，我们希望学生从小到大能够通过这种创作来学习。因而，这也是一个跨年龄、跨文化、跨代际去共同参与的项目。

艺术学院与泰特现代美术馆有密切合作。学院曾有25名学生参与了泰特为期三天的课程。他们中有很多人第一次走出普利茅斯，就来到了泰特现代美术馆。年纪跨度为5—55岁，但他们在课程中共同合作、相互学习。2017年，他们发现一种能让他们表达自己声音的学习形式——互动课堂，来鼓励各种各样不同的声音，来表达自己的心声、自己的权利。这些学生非常大胆、无所畏惧，敢于与年长者对话，敢于打破现有的观念。

希望这种跨代际的合作以及上海吴淞国际艺术城的一系列实践，能够继续推动和发展，希望这种新的教育模式能应用于上海。随着一些新艺术家不断扩大视野及超越边界的限制，这将对那些从未走出过普利茅斯的年轻人产生很大的影响。

艺术：钢铁之都的蝶变　Urban Transformation Through Art

瑞亚斯·柯姆

瑞亚斯·柯姆，1972年出生于喀拉拉邦，在孟买和喀拉拉邦生活和工作，致力于发展和加强印度艺术生态系统、艺术基础设施和艺术教育。他联合创办了高知双年展基金会，联合策展了印度首个双年展——2012年高知慕吉里斯双年展，吸引了来自23个国家的89位艺术家。基金会成立以来，他一直任项目总监并策划了诸多项目，包括学生双年展（不同于印度公立艺术院校的学生平台）、儿童艺术（在喀拉拉邦建立100所学校的系列工坊）、艺术家电影（高知慕吉里斯双年展期间举办的策展电影节）和现观历史（系列讲座和研讨会）。

2016年，他在果阿邦珍品艺术节上策展了《年轻次大陆》首映式，吸引了来自印度、斯里兰卡、孟加拉、阿富汗和尼泊尔的艺术家。为进一步向艺术家和文化实践者提供可持续平台，他创立了艺术空间协作港——URU艺术港。URU的活动包括出版、展览、培训、设计、演说、研讨会和教育倡议。

2012年，他在印度果阿邦国际电影节和特里凡特琅的喀拉拉邦国际电影节上联合策展了足球电影节。他的艺术作品从当代社会运动和政治事件中汲取能量，并借鉴喀拉拉邦和印度文化史，叙述了艺术对社会产生的影响。

2007年，他与另一位印度艺术家被策展人罗伯特·斯托尔选中参与第52届威尼斯双年展和2015年威尼斯双年展伊朗馆的工作。他的作品在日惹双年展（印度尼西亚日惹，2011—2012年）、银川双年展（中国银川，2016年）、当代艺术博物馆GEM（荷兰海牙，2009年）、阿斯楚普费恩利当代艺术馆（挪威奥斯陆，2009年）、上海当代艺术馆（中国上海，2009年）和光州新兴艺术家展（韩国光州，2010年）中展出。他曾与印度和伊拉克的国家足球队合作，作品于2010年在特拉维夫艺术博物馆和2012年在巴黎蓬皮杜中心举办的"巴黎，德里，孟买"展览中展出。

Riyas Komu is an artist and curator working towards developing and strengthening the art ecosystem, art infrastructure and art education in India. He co-founded Kochi Biennale Foundation and co-curated India's first Biennale, the Kochi-Muziris Biennale in 2012 featuring 89 artists from 23 countries. He has been the Director of Programmes of the Kochi Biennale Foundation since its inception and developed several programmes including the Students' Biennale (an alternative platform for students from Government-run art colleges in India), Art By Children (a series of workshops conducted in 100 schools across Kerala), Artists' Cinema (a curated film festival that runs during Kochi-Muziris Biennale) and History Now (as series of talks and seminars).

He curated the inaugural edition of Young Subcontinent, featuring artists from India, Sri Lanka, Bangladesh, Afghanistan, and Nepal, at the Serendipity Arts Festival, Goa in 2016. To further his ambition of providing a sustainable platform for artists and cultural practitioners, he founded URU art harbor— a cultural hub and space for collaboration. URU's activities include publications, exhibitions, residencies, design interventions, discourses, workshops and educational initiatives.

In 2012 he co-curated football film festivals at the International Film Festival of India, Goa and at the International Film Festival of Kerala, Thiruvananthapuram. His art works draw energy from social movements and political events of his times as well as the cultural history of Kerala and India, and were part of the larger narrative of the making and unmaking of artistic influences in society. The main section of works was a part of the broader narrative of construction and deconstruction of the artistic influences of the society we lived in.

In 2007 he was one of two artists from India to be selected by curator Robert Storr for the 52nd Venice Biennale, and was part of the Iran pavilion at Venice Biennale 2015. His works have been exhibited in the Jogja Biennale (Jogia, Indonesia, 2011-2012), Yinchuan Biennale (Yinchuan, China, 2016), GEM Museum for Contemporary Art (The Hague, The Netherlands, 2009), the Astrup Fearnley Museum of Modern Art (Oslo, Norway, 2009), the Shanghai Museum of Contemporary

Art (Shanghai, China, 2009) and the Gwangju Emerging Asian Artists Exhibition (Gwangju, Korea, 2010). He worked with the national football teams of India and Iraq and his works were shown at the Tel Aviv Museum of art in 2010, and at the Paris-Delhi-Bombay exhibition in 2012 at the Centre Pompidou, Paris.

作为社会行动的双年展

Biennale as Social Action

瑞亚斯·柯姆　　Riyas Komu

摘要：印度艺术家瑞亚斯·柯姆通过介绍他所生长之地的历史发展、文化现状，讨论了印度艺术及科钦双年展的发展状况，强调了跨文化历史遗产的留存、开发、挖掘对于当代艺术双年展的促进作用。以具体案例分析了艺术如何与政治、宗教、社区改造结合，成为一种积极的社会行动。其中，"人"作为一项重要的资源是我们不可忽视的联结点，只有良好地动用"人"的力量，才能真正将艺术和艺术双年展融入个体生活，并留存下珍贵的记忆。

关键词：印度艺术；双年展；社区艺术；历史遗存；社会行动

Abstract: By introducing the historical development and cultural status of the place where he grew up, the Indian artist Riyas Komu discusses the development of Indian art and the Kochin Biennial, emphasizes the facilitation of the preservation, development and excavation of cross-cultural historical heritage for the contemporary art biennial. He analyses how art combines with politics, religion and community transformation with specific cases, which has become a positive social action. Therein, "human", as an important resource, is what we cannot neglect. Only by making good use of the power of "human", can we truly integrate art and art biennials into individual life and retain precious memories.

Keywords: Indian art; Biennial; community art; historical remains; social action

印度南部的克拉拉邦有一个共产党执政，这对于当今的印度是非常重要的。2016年，我协助文化部启动了科钦双年展，因此我想告诉当今的年轻人，这些是大家在政治上应有的责任。

印度是第一个试图启动某种双年展模式的国家。我们识字率、医疗体系、分配体系在印度的领先地位要归功于我们的政治体系。因人才流失，当地的产业并不发达，可在过去的50—60年间旅游业发展迅速，因为很多人认为工业是高污染的，总是寻求其他的生活方式。克拉拉邦通过一种政治和生态环境的组合，大力发展了旅游业，是一个花红柳绿的地方。我们的政府觉得艺术的发展是个很好的团结印度各类人群的手段。创造是非常重要的，我们必须参与其中，支持各个艺术家及本土艺术的创作。

与此同时，场所也很重要。克拉拉邦的所在地是一个拥有600年历史的港口城市，葡萄牙、英国曾在此殖民。2010年的科钦双年展的创办得到了克拉拉邦政府及当地人民的大力支持。除了为我们提供了资金之外，一些艺术机构以及艺术赞助人、国际组织也对我们提供了帮助。

然而选择科钦举办双年展又有哪些重要意义呢？2005年，克拉拉邦政府启动了一个与宗教有关的项目。这里之前是一个古老的港口城市，14世纪时曾被水淹没，随后演变成一个村庄。政府组织了通过挖掘来恢复这个地方历史的考古项目，以及如今的一个历史遗产项目，来发掘之前的宗教历史遗迹。

双年展选择的地点是和全球化的历史有关联的，通过贸易及其他的交流形成文化交汇。

最开始做双年展的时候，就多次强调艺术基础设施的重要性。因此，打造艺术基础设施的必要性是我们讨论的焦点。在政府的支持下，我们改造了一幢社区楼，如今供当地艺术家使用。这张图片就是科钦的景象（图1），可以看到一些当地的集市以及街道，这里一度是最为繁忙的贸易港口，有各种的鱼类和香料的贸易活动。近年来，由于现代交通方式的改变，集装箱运输就取代了科钦港口的地位，为此我们与政府以及一些私人企业还在不断协商。

我们希望通过说服政府来振兴其中的一些空间，在此打造一些艺术家的集聚区。探讨了整个印度艺术界的情况，希望能把双年展作为一种政治行动，以及如何把分布在印度各地的艺术家吸引过来。希望通过艺术抵抗宗教的极端主义和两极分化等，把艺术作为团结大家的手段和力量。科钦应该成为一

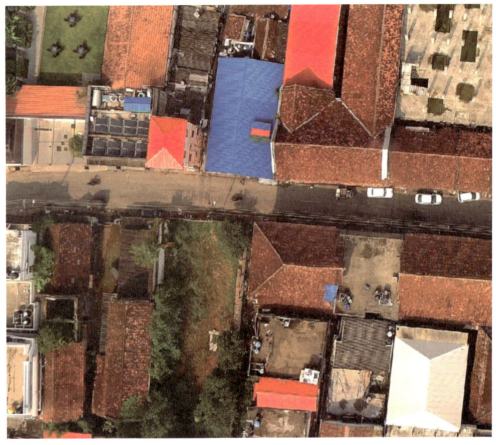

/ 图 1 科钦的景象

个汇聚不同政见的地方，成为印度多样性、多元化的地标体现。2012 年，双年展以国际主义为主题，有来自 23 个国家的 80 多位艺术家参与。2014 年，由一位印度著名艺术家来担任策展人，2016 年，又请了一位艺术家担任策展人。双年展也吸引了越来越多的人参展和观展。

大家可以由双年展的图片（图 2）看到一些展览地点以及当代艺术在当地发生的变化。双年展展出的地方成为大家热烈讨论的项目，这张照片（图 3）是移民时代所遗留下来的一个装置在展览期间的场景。城市的不同地区都有涂鸦项目，将文字展示于城市不同的地方，延续阅读，使大家更好地了解当地文学的发展及科钦发展的历史。

当时，科钦双年展引起了人们很大的好奇心。我也在思考如何来循环利用双年展的使用场地。例如从 2012 年开始请哥伦比亚以及其他一些高等教育机构合作做一些高等教育项目，甚至与一些艺术机构合作。到 2018 年，由于全国很多艺术教育机构都参与进来，因此要协调各个艺术机构间复杂的合作关系。

/ 图2 双年展场景　　　　　　　　　　　　　　　　　　　　　　　／图3 移民时代所遗留装置

　　最初开展的"ABC"项目吸引了很多人的参与。上届和50家机构开展合作，而希望能建立一个新模式来吸引一些当地的机构，围绕此次双年展来开展教育及相关工作，例如诗人在现场诵诗（图4）。另一个针对年轻艺术家和学生的项目叫"大师班"，还有一个针对跨媒体合作的那些艺术家的国际驻馆项目，一些年轻艺术家的驻场项目，以及"胡椒屋"的驻馆项目展览。

／图4 诗人在诵诗

克拉邦有拍摄艺术电影的传统，艺术家影院的项目，吸引了一些年轻艺术家来展示不同形式的影像作品（图5）。

/ 图5 艺术家影院的项目

Video Lab 是双年展中的一个大型档案系统，通过一些创新的影像来记录当代的艺术、艺术家、艺术实践以及著名的印度本土音乐演出的项目。

那么怎样在这样的环境中为双年展做出贡献？人作为一种遗产不断地提供很多的想法，这就是一项非常重要的遗产。我们拜访这一地区的多个社区，获得了不同的想法。希望通过科钦双年展，和当地社区建立情感联系。如今的中国也经历着快速发展，中国现在有很多的产能过剩，却不太注重人本身的发展。可能从文化的角度来说，在未来中国的工业遗产会发生进一步的变革，记录下工人阶级的珍贵记忆，并让其留存到未来。希望这些工业空间能够真正成为人们朝圣的地方，留一些宝贵记忆，这就是我从艺术家的角度对中国工业遗存的看法。

第一部分 论坛

艺术：钢铁之都的蝶变　　Urban Transformation Through Art

伊塔洛·罗塔1953年出生于米兰，毕业于米兰理工学院。在20世纪80年代末赢得奥赛博物馆室内空间竞赛后，他搬到了巴黎，并在蓬皮杜中心与加埃·奥兰蒂签署了一系列项目工程，包括现代艺术博物馆的翻新工程，为卢浮宫Cour Carré法国学校设计新客房，负责巴黎圣母院教堂和塞纳河沿岸的灯饰设计以及南特中心的翻修工程。最近作品有雷焦艾米利亚市民博物馆、布里比拉的新Elatech机器人工厂、Maciachini Milano大剧院、设计博览会上的新思想空间实验室展馆、2015年米兰世博会上的科威特展馆、意大利葡萄酒和艺术与食品展馆。其他作品还包括米兰大教堂广场的Museo del Novecento、纽约哥伦比亚大学总部、印度Dolvy的印度教寺庙、博斯科洛酒店的设计。他与罗伯托·卡瓦利进行了数次合作，为全世界的特别项目提供服务。为让意大利瑞能公司实现可再生能源的生产，他们采用了多样化综合景观系统设计法。

罗塔还参与了许多展览、装置和展馆的建设工作，包括2008年萨拉戈萨世博会主题中央展区。伊塔洛·罗塔在最尖端技术领域的研究使得其能够始终做到将先进科技融入自己的设计项目中，并预示未来生活、居住空间、环境和城市的系统，其中就包括三星的"生命／安装——未来的家园"项目。伊塔洛·罗塔担任多莫斯学院和米兰新美术学院的科学总监，已荣获多项奖项，其中包括意大利公共空间建筑金奖、意大利文化和休闲建筑金奖、纽约地标管理奖和巴黎都市大奖。

伊塔洛·罗塔

Italo Rota was born in Milan in 1953, where he graduated from the Milan Polytechnic. After winning the competition for the interior spaces of the Musée d' Orsay, in the late 1980s, he moved to Paris, where he signed the renovation of the Museum of Modern Art at the Center Pompidou (with Gae Aulenti), the new rooms of the School French at the Cour Carré of the Louvre, the illumination of the Notre Dame cathedral and along the Seine and the renovation of the center of Nantes. The most recent works include the Civic Museums of Reggio Emilia, the new Elatech Robot Factory in Brembilla, the great Theater in Maciachini Milano, the new Noosphere Laboratory Pavilion in Triennale the EXPO Milano 2015 pavilions of Kuwait, Italian Wine and Arts and Foods. Other works are the Museo del Novecento in Piazza Duomo in Milan, the headquarters of Columbia University in New York, the Hindu Temple in Dolvy in India, the design of the Boscolo Hotels and the countless collaborations with Roberto Cavalli, for special projects all over the world. For Repower Italy, it has a diversified design of integrated landscape systems for the production of renewable energy.

He has worked for countless exhibitions, installations and pavilions, including the thematic Central Pavilion for Expo Zaragoza 2008. The research of Italo Rota in the field of the most advanced technologies has always led him to integrate them into his own projects and to prefigure systems for living, living spaces, environments and the city aimed at the future, including the project for Samsung called "Life/Installed — the home of the Future". He is Scientific Director of the New Academy of Fine Arts in Milan) and Domus Academy. He has been awarded several prizes, including the Gold Medal for Italian Architecture for Public Spaces, the Gold Medal for Italian Architecture for Culture and Leisure, the Landmark Conservancy Prize, New York and the Grand Prix de l' Urbanisme, Paris.

超特大型——少数中的多数，极致的美
BIGNESS–Smaller Minority, Extreme Beauty
伊塔洛·罗塔　　Italo Rota

摘要： 这个时代面临着很多悬而未决的问题，而很多新的话题也会需要新的答案。在许多问题上我们首先可以打开脑洞，在美与哲学之间寻找可能性，比如人工气候能够带来哪些现象和结果、人文空间与自然结合的可能性、人工智能究竟如何帮助我们发现脑力等。

关键词： 认知空间；普世价值；人工智能

Abstract: This era is facing many unresolved problems, and many new topics will need new answers. On many issues, we can start from fantasy and find possibilities between beauty and philosophy, such as what phenomena and results that artificial climate can bring, the possibility of the combination of humanistic space and nature, and how artificial intelligence can help us find brain power, etc.

Keywords: cognitive space; universal value; artificial intelligence

当今时代面临许多悬而未解的问题，而且很多新话题也需要新答案。宝钢是上海的一部分，艺术家也是上海市民的一部分，艺术家也是人，也要关注自然，而自然就如艺术家一样给予我们灵感。

就如一棵树是人为的还是自然的？它是把椅子还是其本身？这些都是极有意思的问题。相对于创造越来越大的东西而言，一些小东西有时更值得欣赏。现今关注的项目体量都非常大，但在未来更倾向于创造一些小而复杂的项目。当打造大项目时，影响项目的重要因素之一就是"大"。如迪拜的一个室内滑雪场（图1），创造者想要为旅游者在室内打造一种与自然界截然不同的新自然景象，这是非常愚蠢的，其实这只是人工气候控制的产物，根本不算是创意。当今世上很多人都有一个富有哲学意义的疑问：我们的生活到底是什么？

/ 图1 迪拜的一个室内滑雪场

人类导致的气候变化也算是个艺术事件。图2是生活在加拿大黑森林里的白熊，人们不认为白熊可以在黑色森林里生存，但这是自然创造的事实，白熊确实能很好地生存在黑色森林里。

/ 图 2 生活在黑色森林里的白熊   / 图 3 德国的奇特建筑

态度的转变会带来不同的视觉感受。德国有一个受到了文学与哲学影响的奇特建筑（图 3）。奥赛美术馆过去是一个工业建筑，但是从今天视角来看，它其实是一个变化的世界，恐怕我今天不可能再像过去的人们一样对待这个建筑，因为我已经变化了，其他的人也已经变化了（图 4）。奥赛美术馆有很多印象派的画作，这是莫奈在 1860 年画的一幅作品，这个时期印象主义画派的诞生让大家对光有特别的感受，在这里人和自然的关系又有了不同的诠释（图 5）。在这幅莫奈的画当中我们可以发现一种关系，而我们在一些天文馆当中也会发现另外一种人和周遭世界关系的诠释。

/ 图 4 奥赛美术馆   / 图 5 奥赛美术馆里莫奈的画

每一个我们头脑认知的空间，每一个时刻都是有意义的。优步（Uber）说要把飞机当作出租车一样供人们使用，就是说以后我们可能是从空中降落到一个空间内。另外一个项目就是在一个森林的顶部布上了大网，如果从上部来看这个森林，你就有了一个完全不同的视角。你可能会看到不同的物种，例如各种各样的树和花卉，这是一个新的自然（图 6）。我们人类和自然一样，也是非常复杂的，我们有不同的文化，有很多的差异。你如果从顶上来看森林的话，你可能还会发现里面的一个村庄，这等于说是内部的内部，这个也是像我们现在大都市的不同空间层级。例如要建设一座学校，到底这个学校是一个什么样的空间？事实上它是人文的，它并不只是一个建筑，因为它需要容纳人在里面学习和讨论。

/ 图6　森林的顶部布上了大网

我在年轻的时候，别人告诉我未来是什么样，然后我又告诉别人过去是什么样，这反映了很重要的一个问题：教育是什么？

还有一个问题可能听上去也很奇怪，这个话题就是想要探讨关于适用于"所有人"的方法，也就是说这种媒介具有世俗普适性，这是可能的吗？

这是一幅在无人机上拍下的景象，很多建筑师都喜欢这样一个视觉效果，其实我们就处于这样的环境中，生活在这些建筑中（图7）。

/ 图7　无人机上拍下的景象

还有一个很重要的问题,就是我们的屋子究竟是不是我们的所有?事实上这个房子它就像是一个旅行箱,也很有可能你的汽车实际上就是一个房间,或者说你的家庭就是一个娃娃屋,到底多即是少,还是少即是多?我们看到这些景象,觉得人似乎成了所有物品压迫之下的牺牲品。我们必须要留一些时间去反思,然后希望在反思之后大家也都有一些变化。

讨论环节四
Discussion Ⅳ

讨论嘉宾：

Stephen Hughes（斯蒂芬·休斯）

Michael Bhaskar（迈克尔·巴斯卡尔）

Hans（汉斯）

Eva Franch i Gilabert(伊娃·弗兰奇·伊·吉拉伯特)

Andrew Brewerton（安德鲁·布华顿）

Italo Rota（伊塔洛·罗塔）

Riyas Komu（瑞亚斯·柯姆）

主持人：

苏丹（Su Dan）

/ 苏丹（主持人）

当今都市的审美是一个仍在变化的复杂话题，因此很多人对传统的都市审美提出了批判。如今，大多演讲者所展示的好城市、好空间的形象，都已没有了古典而传统的美学范式，这是今天我们所要讨论的主题。

从工业遗产保护的原则和立场来看，理解新空间的创造过程，必须遵循文化和历史方面的伦理。表面上看人类社会进入了一个新阶段，传统的工业生产方式一定程度地退出了城市主流。可实际上现在正是危险的时候，文化链即将被忽视、抛弃、拆除，继而发展成新东西。此时的重要原则更像是种警示。

/ 苏丹（主持人）

/ Stephen Hughes　我曾讲过两个主要的国际原则和一些大规模工业建筑的转换原则。两个主要国际原则包括：一是尊重原有的美学与原有的历史建筑；二是记录或保存一些工业建筑过程中的重要元素。工业建筑的价值来源于历史建筑的特色。对于这一原则是有很多争论的，而一些基本的原则可以为处理这些历史建筑提供指导。

/ Hans　作为一个艺术评论家、一个策展人，通常会对一些艺术作品做出评论。有时也会被一些错误的艺术作品、错误的艺术、错误的建筑所吸引，同时对改进这些艺术作品也很有兴趣。艺术评论家会对这些作品进行评论，参展人则会关注一些失败的、不是很重要的、边缘化的作品，而不是那些已经非常重要的作品或事件。伊娃·弗兰奇·伊·吉拉伯特和迈克尔·巴斯卡尔都提到要关注一些工具。实际上并没有那么多的好艺术作品，因此我们不断努力发现好的艺术作品。艺术作品是带来变革的载体，很多时候我们忽视了艺术作品本身。艺术作品本身非常具有变革性，其所使用的工具和方法都是具有变革性的。这可能意味着我们需要不同的路到达同样的目的、不同的方法实现同样的目标，或是不同的工具达到同样的结果。不仅艺术作品背后使用了变革性力量，其本身也推动着变革，它在影响其他人的同时也完全忽视了周围的影响，从而完全采用全新的做法。我真的非常喜欢艺术，积极探索各种可能性来实施艺术，把它作为一种教育、一种实践、一种语境、一种历史的讲述，追溯艺术最初的起源，使艺术和建筑环境完美结合。

/ Andrew Brewerton　"美学"一词来自希腊语，其意是源于感情，因此没有美学即没有感情。美学是经过调配的感情或是经过处理的感情，强调情感在审美过程中的意义。从一开始我就非常重视这个词及其背后的含义，因此当我听到美学就会立刻想到没有美学、缺少美学。美学是有关于情感的，是对于现实、世界、体验的探索。

/ 苏丹（主持人）

情感的来源一方面和过去的经验有关，一方面跟生理有关。过去有一套自身的传统经验，由过去的教育告诉我们什么是美。还有一种来自身体，从而影响愉悦或不好的东西产生。如今并不是所有美学体系的东西都使你愉悦，但却能成为探讨未来美学的语言。

请问新任 AA 学校院长的吉拉伯特女士：过去 AA 的建筑教育是独特的、反美学的。静态来看，把历史和今天割裂，有很多东西是反美学的。而有的老师则很强调技术，曾经一个阿根廷人到清华美院教学，他不谈美学只是谈新技术、计算机语言以及大数据对设计能力的提高。听完他所谈的，到了 AA 后，你在教育上会有哪些主张？

/ 苏丹（主持人）

AA 是一个综合性的、没有边界的平台，最新奇的东西在这个平台上形成方向，所以我及在座的各位都拭目以待这个学院的新变化。

建筑师出身的伊塔洛·罗塔所关注的东西非常庞杂，而且这两年他对展览、科学问题也探讨很多。罗塔的学生反映其上课的方式很特别，没有教案，说到一个问题就让助手去查网站，然后把问题抛出来，可他为什么会采用这种教学方法？

/ 苏丹（主持人）

/ Eva Franch i Gilabert

关于这个问题，大家的看法都不同。美是一种不经任何媒介加工的感觉，但美有时也是经过文化构建的、能够完全抽象的视觉体验。事实上美在这里是有文化背景的，美学体验并不能使其神话化。因此这个问题需要单独探讨。艺术评论及策展方面是自成体系的，那我们到底该不该去判断哪些是艺术的。因为，艺术也是一种与政治或社会相关的项目。当我们谈艺术时讲的是什么？怎么样来定义艺术？这都是在艺术史中需要单独探讨的问题。

AA 是个有 750 名学生，225 名教职员工的学校。硕士学位的项目涉及创作、设计过程等，希望通过创作与设计让学生形成一些对空间的理解，而且有些可以通过间接的数据和新的技术来形成。此外，人文、政治和美学的关系也很重要。这从传统上来讲有一个不同的视角：20 世纪八九十年代，建筑师确实对建筑有一个广义的理解，那就是建筑不仅是由砖构建的，也是由人所构建的。

希望能让现有的多样性更加多元化。艺术家可以同时成为推动者、形象的构建者以及煽动者，如今，希望有些新主张来打破界限。一方面说几乎没有人的本性，另一方面乔姆斯基则说有人的本性，这样的概念已经有人在设计、构建。而我们要做的就是提出更好的问题，而不是给出一个标准答案，要有能力去认识艺术能涉及的多个领域，综合后给出答案。

/ Italo Rota

目前，教育就是一种艺术，老师就是艺术家。进入课堂就能意识到靠教案来教学是不可能的。这种新教学体系像是每天都做一个新的装置艺术，关键在于要吸引人们的注意力，不仅是学生的注意力，还有教授的注意力。过去两年中有很多复杂的情况，我会跟几个非常出色的学生及其他老师说，你们就是天才，不要上学了。他们代表着未来，在学校受教育可能成为其发挥潜力的阻碍。对于建筑而言，很多年轻人的想法很好。一个好想法促使你组成团队，而不同的人却有相同的专长，围绕这一想法去打造一个团队，这就是新层面。

这所学校聘用伊塔格·罗塔的原因是因为学校跟他本人的特点高度吻合。这所意大利学校充分尊重教师的个人特点，每位老师的教育主张跟很多学校不太一样。此学校里的每一位老师都是一道独特的风景。

关于朋友圈的问题，也有纳瓦的老师曾经跟我评价：这个世界上什么样的"邪恶"组织你都有过参与，但这个"邪恶"只是指一些很奇怪的小组织。

/ 苏丹（主持人）

下一个问题问一下瑞亚斯·柯姆，刚才我们谈了艺术的走向，谈了教育，但没有谈艺术的文化属性。你在双年展里有提到当今印度非常重要的艺术家艾利斯·卡贝尔（Alice Cabell），从他的身上可以谈一谈文化性的问题。因为从20世纪90年代他在伦敦开始，就一直和一位意大利的策展人在一起。我曾在佛罗伦萨探讨过他的艺术作品，我眼中看到的他的艺术作品中有印度文化，尤其是印度教的影子，有一些殖民色彩，因此我想问你对这个问题怎么看？

/ 苏丹（主持人）

/ Italo Rota

这里的每天都不一样，对什么事情都有冲动。在这里人人都是平等的，老师、学生，所有一切都是平等的，这种冲动能使变化成为可能。人吃很多不同的食物，然后产生能量继而"爆炸"，其他的部分都像酶一样参与到作用中，因此我们要重新看待未来。其实我们都是很小的一个部分，如今人类发挥作用的还是很的以小部分。去硅谷会发现有很多围墙其实是不需要的，这是一个当下需要重点考虑的问题。我们需要这种新的冲动，无论它是好还是坏。

此外，气候变化是我们每天会碰到的一种新可能，谈论人类要登上火星也带来了新可能，变化是每天都会出现的，它给我们的教育提供了新机会。

/ Riyas Komu

他确实有作品参展。为什么说在印度文化是很重要的，1992年，当时我去孟买继续学习艺术，当时的孟买曾经有一些宗教冲突，城市非常混乱，我当时的选择更加世俗性。当时的印度正经历着不同的发展阶段，而宗教则导致了社会的两极分化，那个时候作为艺术家的我意识到应该继续探索。对于我们来说像印度这样的国家，到底是文化更重要还是宗教更重要，这就是我和双年展相关人员对话的原因。

对于科钦，有多个宗教的存在，印度36个不同的社区有不同的文化背景。科钦通过之前3000多年的贸易文化，和世界上许多地区都建立起了联系。充分考虑这种历史，我们参观了一个挖掘现场，也和KCHL的一个考古学研究机构的人进行接触，他说我们挖掘一米就可以看到1000年的时间。这是一个很有意思的比喻，我们可以在这里进行很多有意思的对话和各种试验，然后看文化如何融合，不同的宗教如何融合，而所有这些都会影响到创作。

回到策展人，他想展现艾利斯·卡贝尔的想法，这背后有两个因素影响着这个作品。它有很多深层次的哲学影响，也有各种各样的体验交织，在受到印度音乐文化影响的同时，也会反映出传他刚才把艾利斯·卡贝尔的作品在这个双年展上做了一个有意思的解读。从表面上看，他延续了过去作品中一些很重要的方法和痕迹。但是艺术家的伟大就是在于他有通用部分，但通用的部分又不妨碍这个作品和当地文化的密切结合，从这个过程中可以看到一个策展人要求艺术家进行非常深入和细致的配合，其实这是对中国当今进行当代艺术策展的很多策展人的启发，而在这方面我们还有很多需要学习和合作的。

保持一种理性克制状态的嘉宾也是有一些批判性的，他们希望瓦解过去的概念，所以在这个台上的6位嘉宾，他们思想的方法、立场是不一样的，有的是站在政治的立场解释艺术，有的是站到了一个批判建筑的角度去谈建造，从对历史负责的角度去谈尊重、谈伦理。

/ 苏丹（主持人）

也有嘉宾讲到了杠杆，其实杠杆和针灸谈的是一个问题，都是艺术对于解决社会问题的一种作用。要准确，就要放到特殊的时间、特殊的地点。此时，虽说艺术有包容性，但它依然有时空的正确性，在对的时候做对的事。

/ 苏丹（主持人）

统的变化。与此同时，也是和印度艺术界的对话和交流。

艾利斯·卡贝尔是在现场创作艺术作品，艺术展通过现场的艺术创作，在一个更大的社会空间传递艺术家的思想。

/ Riyas Komu 这和中国的文化传统相关。在说科钦双年展时，经常会说到我们需要有文化的针灸，"针灸"一词来自中国，我们需要用针灸来重新恢复科钦的文化。

/ Hans 艺术是一个允许错误的领域，实际上对艺术进行实验、容许人犯错是一个释放个性的自由时刻。

/ 苏丹 过去几千年以来，人类在营造城市的时候，除了政治、军事、经济，美学也是始终绕不开的一个话题。曾经，我们似乎建立过一套关于城市和建筑学的美学体系，但这套体系却不曾有过固定的模式。在新的文化面前，它一直都在不断地变化着，或者被瓦解掉一部分，或者被充实和丰富。这背后应该有两个方面的原因：首先，美学本身就不是一个稳定的体系，受历史进程中哲学立场变化发展的影响，人类社会在不同阶段会有不同的美学宗旨。其次，城市的形态是不稳定的，过去几千年以来，人类的聚集方式主要是村落和城市两种，到了21世纪，城市基本上完全战胜乡村，成为一种不可争辩的、能够为未来人类生活、文化生产提供各种可能性的最佳场域模式。

城市化之下越来越突出的都市主体是我们未

来必须面对的一个巨大的现实。然而，当我们在都市营造问题上继续延续传统建筑美学时，似乎又会遭遇现代社会学的挑战。因为当代文化的力量正在发生，社会学成为城市规划建设新的支撑。未来城市的塑造一定是各方力量的合成，有新有旧、不同性质、不同形态。传统城市美学已经不能适应未来城市的多元要求，很多人也对传统都市审美提出了质疑和批判。在许许多多被展示出来作为好城市、好空间的形象案例中，我们常常看不到传统的、古典的审美范式，这是城市美学在当今的态度和表征之一，但非全部。未来的城市美学体系还需要我们重新探讨。

布华顿先生说，美学是经过调配的感情。这句话引出了情感之于美学的重要意义，或者说美学本身就是一种情感。情感的来源一方面与过去的经验有关，当我们面对一件事物，脑海构架中会有一套显已成型的思维经验告诉你"什么是美的"，这是过去教育的结果。所以，当我们在探讨艺术、探讨科学、探讨建筑的时候，我们会发现每个人因其立场和成长经历不一样，会选择不一样的角度去看待问题，也会试图以一种自己擅长的方式去寻找解决途径。有的人选择站在政治的立场解释艺术，有的人站在批判建筑的角度去谈建造，有的人从对历史负责的视角思考尊重和伦理……然后在每一个角度中，有的人选择保持理性和克制，有的人则选择去批判和瓦解，种种不同的取向无不跟个人已有的知识经验密切相关。还有一种情感来源是出自身体的，与生理有关，即一个东西会天然地影响你产生愉快或不愉快的体验。而即使是从那些不愉悦的体验中，我们依旧可能探及到有关未来美学语言的蛛丝马迹。无论是有关经验还是源于身体，情感上因人而异的丰富性自然而然地带来了美学认知的个体性差异。在构筑未来理想城市空间时，这种差异性又为我们创造多元选择的样本提供了可能。有的人或许只是提出一种空想，仅仅描绘出一幅虚无缥缈的理想之境；有的人或许能够以类比的方式提供种种参照，以供我们在未来的规划中直接筛选取用。

审美取向的差异性还离不开个体背后的地域大环境，这就涉及艺术和文化的在地性。

瑞亚斯·柯姆在其科钦双年展项目中，就是以当地独特的社会经济以及艺术生态系统为背景，探讨艺术在当地政治环境与社会发展之间所扮演的特殊角色。其中涉及的文化、地理、城市发展历史等一系列问题无不表现出具体的地域条件限定特征。斯蒂芬·休斯则从工业遗产保护的原则和立场，去理解一个新的空间创造过程中所必须遵循的文化和历史伦理，这其实是在时间的维度思考空间形态以及空间生产的在地性特征。表面上看人类社会已进入一个新的阶段，传统的工业生产方式正在逐步退出城市的主流，但这是城市发展最危险的时候，地域文化的链条极有可能在此崩断。为了追求新的东西，从前基于地方的生产方式、生活方式不自觉地就可能被人忽视，甚至是毫不留情地拆除和抛弃。最终的后果就是城市形态的同质化以及随之而来的地域文化的消逝，这是我们所有人都应当警惕的问题。

美学体系在教育系统中也从未止于静态，许多著名的设计学校在其发展历程中，对于美学的态度也是在不断变化的。以 AA 建筑学院为例，作为英国最古老的独立建筑教学院校，它广纳全球最有智慧的一群人，并发展成为建筑学层面上面向未来的一个最具前瞻性的综合平台之一，可以说未来的许多形象就是由此平台浮现而出的。然而，过去的 AA 也曾有过反美学的"叛逆"时期，比如对技术的过分强调。之前我曾邀请一位来自阿根廷的AA建筑学院的老师到清华美院讲课，在整个演讲过程中，他就只谈计算机语言、新的技术、大数据对设计的影响等，对美学有关问题只字不提。而如今AA的新任院长吉拉伯特则在强调多样化，提出每一个人都可以成为推动者、形象的构建者以及煽动者，提倡新主张，呼吁打破界限。或许，这也应该是未来教育的一个发展方向，即创造无边界平台，以便让最新奇的东西在这个平台上得以发声，甚至形成一种导向，为未来指示出一条可能更好的发展道路。

无边界性要求我们的学校要更加包容和开放，支持个性甚至容许极端，伊塔洛·罗塔教授所在的米兰新美术学院（NABA）做了很好的表率。它充分尊重教师的个人特点，认为每一个老师都是校园中一处独特的风景，罗塔就是这独特风景之一。我和罗塔教授结识已久，我们是很好的朋友，也是很好的合作伙伴，在跟他的交往中我常常会从他独到的、犹如散点般不断游离的思辨中收获惊喜。他可能会从科学的视角看待人和自然的关系；他也会试图探索人的创造能力以及隐藏更深的创造潜意识；他想知道有森林不是已经够了吗，为什么我们还要建造房子……他游历甚广，却始终充满好奇之心，即使在教学中也喜欢不断地抛出问题，引导学生自己去探索答案表达见解。当思维的触角不受约束地四处蔓延时，一些从常规中销声匿迹的甚至可能被认为"邪恶"的东西被他毫不留情地拖拽出来，在他的重新审视中或打回原形，或平反正身。很多人总是恐惧和排斥"极端"，却不知未来的可能性往往就喜欢隐藏在种种极端的形式之下。探索审美体系，何尝不是在寻找人类社会生存环境发展的各种可能。想要创造更多的可能性供人挑选取用，审美教育就该有海纳百川的胸襟。

城市美学最终还是要回归城市主体本身，或者说是回归人类社会的生存空间本身。空间的一半是建筑学，另一半是社会学。理解空间的社会学，其实就是要观察社会行为中的人。每一个人都是一个能量体，人与人之间的联系交织成一个又一个能量场，这些能量场构成不同的空间领域，影响并推动各式各样的社会生产。未来的城市审美教育也需要关注个体以及个体与社会的关系，城市构建离不开人的行动和参与，这是社会的原点也是建造的意义。

总结 / 李龙雨

上海幅员辽阔，拥有近 2 500 万人口，是中国的经济引擎。近 10 年来，随着经济的崛起和显著的地理优势，上海正在成为亚洲艺术文化之都。然而，上海需要很多艺术、文化、教育、遗产、生态和旅游的分中心。利用工业遗产创造一座以艺术和终身教育为导向的城市是一种独特而又雄心勃勃的理念。该项目正由宝武钢铁集团与上海大学上海美术学院（SAFA）合作规划和研究。作为上海的分中心之一，该城区将于 2040 年底建成。它不是在上海某个地方建设全新的城区，而是回收利用面积为 3.25 平方公里的宝武钢厂。

工业遗产的再生不仅仅是对一座废弃工厂的修复，更是对文化遗产的保护。如今，回收利用工业遗产已成为一种文化传播的趋势。人们在观念上认为，将工业遗产转化为与艺术和文化相关的空间不仅会带来经济效益，而且还会以"创意产业"的名义吸引长期投资。工业遗产的标志性地位远远超出了具有独特地位的现有建筑形象，尤其是通过艺术改造工业遗产的成功事例在不断增加。

我们假定选择相对简单。如果你能更好地利用而不是抛弃工业遗产，你就应该做一些恰当的和可实现的项目。但成功取决于许多不同的环境因素，包括你与相关机构、个人和政府的合作，尤其是在中国国情的背景下。

然而，工业遗产也是自相矛盾的。尽管仍然有着复杂的物质残存，但它迎合了一个城市和居民的非物质记忆和情感。作为一种文化媒介，而不是过去的工业遗迹，对工业遗产的保护提出了越来越高的要求。另一方面，工业遗产往往被认为是一个城市或国家工业化的标志和荣耀，被视为繁荣的象征而不是亟需解决的任务。而且，恢复活力、生态意识、民事投诉、环境脆弱性、保护、对绝大多数大型物体的维护等许多问题，仍然没有得到解答。

从长远来看，尽管仍面临许多挑战和任务，工业遗产的再生被公认为是一项重要的文化成就和经济刺激。因此，根据政府和公共机构的战略和政策，过去看似荒废并被随意遗弃在偏远地区的钢铁厂、汽车厂、发电厂、矿山、烟草和纺织业的巨大工业工厂遗迹是可再生的。

最近，艺术和工业遗产似乎经历了良好的社会化，同时又以其虔诚的可持续性和实验性澄清了各自的意图。我们目睹了艺术和工业遗产之间的一些成功结合，这使得物质仍然是一种文化吸引力。

将巨大的钢铁厂遗骸改造成艺术和终身教育的城区将是一项艰巨的任务。上海国际艺术城（SIAC）是宝武钢铁集团（中国第二大国有钢铁公司）与之前提到的上海大学上海美术学院合作确定的项目名称。SIAC 可能是未来更有创意和冒险精神的模式之一，它将重新利用庞大的宝武钢铁工业遗产，邀请国内外的艺术学校、视觉文化相关的工作室,包括电影业和大数据工作室、画廊街道、艺术博物馆、公园、教育机构等。

这次会议以"艺术:钢铁之都的蝶变"为主题,由宝武钢铁集团、SAFA 和 TICIH(国际工业遗产保护委员会)主办,由 SIAC 研究机构组织,旨在成为上海激烈辩论的平台,同时重新审视现有艺术的典型性和以教育为基础的城市,并设想未来上海将有一个分中心。

我们造一所房子,这个房子也会影响我们,70% 的城市居民都生活在共同的住房当中,但是不到 10% 的人认为他们所住的公寓是他们永久的家,90% 的人都认为他们不会永久地住在同一个公寓当中。这就意味着住在大城市中超过 80% 的人都是流浪的居民。

很多家庭两代人都住在同一个公寓中,他们比那些住在农村地区或自己有房子的人更容易有心理问题,可能会出现一些抑郁症等问题。房屋就像一个容器,把我们的心放在其中。大城市中为什么都是独立的个体?为什么屈服于这些建筑的结构?大城市中很少有人没有参与过城市的建设,他们认为政府是城市的规划者,或是建筑师的责任。

从会议开始,我们就在说上海吴淞国际艺术城未来的发展。这是对旧工业城的复兴,是对宝钢所留存下来的工业遗产的复兴。我们应该做些什么来实现这种复兴?斯蒂芬·休斯说要充分进行辩论与讨论,以交换我们的思想。

上海吴淞国际艺术城未来的发展是中国一个非常重要的实验性项目。杭间教授说中国政府现在正推进的一个项目就是要恢复 1 000 个工业遗存,"1 000"这个数字非常的大,尤其是一些已经过时的风貌和文化遗迹。我们去参观了宝钢工业遗址,在那里可以感觉到劳动留下来的味道,使我们想象到当时在这里为中国的繁荣做贡献的钢铁工人们流下的汗水。论坛的发言人甚至建议要保留宝钢,把它作为一个劳动的象征,尽量少变化和少重建。因为宝钢遗存的规模是非常使人震惊的。

这次的讨论共分四个板块,主题是"艺术:钢铁之都的蝶变",我们有各种对于工业遗存重建的建议,既有宏观的探讨又有针对社会和经济变革当中细节问题的看法。不仅讲到了艺术与城市之间的关系,也讲到了我们应该如何通过建筑来规划、审视工业遗存的转型。比如有的嘉宾说到博物馆不仅是一个艺术收藏的神庙,更是一个让公众参与的地方,观众需要积极地发表观点,但他们并不是被动的,受教育者有自己的观点,而且博物馆也应把所有权交给观众。

工业遗存的复兴在中国和西方都有成功的案例。在西方,比如奥赛美术馆、阿诺画廊、柏林火车站的画廊改造等。在中国,比如说一些古塔等。但同时也有一些失败的案例，尽管我们都知道也还是有相当多的一些失败案例，大家也谈得不多。成功的案例也各有各的特点，成功的原因也值得探讨，失败的案例也各种各样，大家也有不同意见。本以为西方失败的例子较少，但事实上都差不多。一些博物馆、艺术中心以及一些文化设施的工业遗存改造成功的案例比较多。原因在于艺术是随意的，是更加容易的，或者说是成本更低的。工业遗存的振兴不仅是能够保留流程工艺，更要记录下其曾经使用者的历史。有很多的案例都显示工业留存是可以通过手术室的方式、增减的方式进行处理的，可以近似于针灸，通过各种手段重新和历史连接。

迈克尔·巴斯卡尔也是提到了威廉·布莱克的智慧。上海国际艺术城不能只成为一个有艺术品的旅游地，它必须要有本土的原创艺术，有当地公众的参与。人们常用艺术来吸引游客，但同时这也是振兴艺术的重要的手段。伊娃·弗兰奇·伊·吉拉伯特为什么说不考虑建筑？因为艺术家们也常常被一个维度定义。中国有5000年的悠久历史，但中国工业生产的历史只有160年左右，因此复兴就在于重新使用。艺术家就像是双筷子，单靠一根是没用的。宝钢有26平方公里，实际上有230平方公里的面积在上海各处是迫切需要振兴的。艺术与复兴的联系并不是必然的，可能它媒介成本较低，但我们主要考虑的是文化因素，特别是在文化艺术城的发展中是可以通过建筑来实现转型的。因为工业遗存的转型常常涉及建筑。

历史的集体性必须要在艺术的承担当中得到体现。吉拉伯特也说这并不是商业模型，而是一种理想主义的模型，这是工业遗存转型中重要的一点。

在未来，一定不能忽视"品质"、价值和资本之间的差异，其是非常重要的，这个问题是值得我们探讨的。

一些演讲嘉宾提到了对双年展的厌倦，但包括我本人在内的很多人却经常去双年展，这就是自相矛盾了。此外还涉及过去有什么遗产、到底什么是活着的遗存等问题。上海国际艺术城要成为年轻一代接受艺术教育的空间，因为艺术城的本质就是以艺术为终身教育的艺术之城。

我们可以先从小一点开始做起，而不总是讲得更大，一些鸟、树其实也是上海的市民，内部是一个空间的灵魂所在。罗塔给了我们一些面向未来的建议，需要我们好好考虑。

我们有很多不同的重要的想法、观点和建议，大家的建议都会得到考虑，而这些都可能成为我们建议书的一部分。为期两天的论坛对于所有人来讲都是非常有意义的，听众也从中受益良多，使他们更加了解艺术城的本质，更加了解工业遗存的转型。我们会和此次艺术论坛的共同主办方——宝钢分享这次富有创意的讨论！

第一部分　论坛

第二部分 规划愿景

艺术：钢铁之都的蝶变　Urban Transformation Through Art

无界之城　Infinite City

中国·上海·吴淞
Wusong, Shanghai, China

钢铁工业文明的辉煌遗产
The Glorious Heritage of the Steel Industry Civilization

第二部分　规划愿景

宝武一直是上海发展的重要引领者

Baowu has always been an important leader in the development of Shanghai

肯定
Support

1984.2
邓小平视察宝钢

兴建
Construction

1978.12.23
宝钢动工兴建

投产
Starting

1985.9.15
宝钢一期投产

1978.12.18-12.22
十一届三中全会召开
开启了改革开放新时期

1990.4.18
中央宣布开发开放浦东
上海发展启动

第二部分 规划愿景

ucturing

宝钢集团
快车道

巅峰 Peak

2004
进入世界五百强
发展规模空前

转型
Transformation

2012
宝钢湛江项目开工
开始转型发展

重生
Rebirth

2016
组建宝武集团

?

01.10
EC会议在上海召开
海发展进入新世纪，
球化速度加快

2010.5-10
第41届世博会在上海召开
上海建设速度进一步加快，
并开始进入转型发展阶段

2018
上海2035-卓越的全球城市
全球城市的多元性如何承载？

艺术：钢铁之都的蝶变　Urban Transformation Through Art

如何塑造一个独一无二的吴淞副中心？

How to create a unique Wusong sub-center?

如何引领上海的创新和转型？

How to lead the innovation and transformation of Shanghai?

吴淞　上海 9 个主城副中心之一
Wusong: One of the 9 main city sub-centers in Shanghai

全球城市功能的主要承载区之一
重点培育航运、商贸、科教研发等功能
高能级航运服务业集聚区
吴淞口国际邮轮港

迈向卓越的全球城市
STRIVING FOR THE EXCELLENT GLOBAL CITY

上海市城市总体规划 2017—2035 年
SHANGHAI MASTER PLAN 2017—2035

第二部分　规划愿景

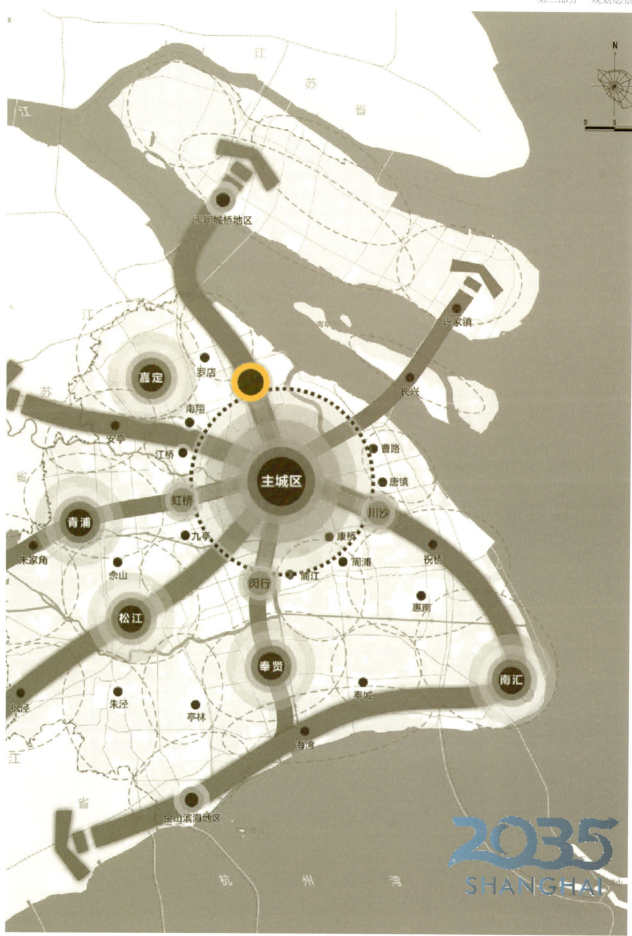

艺术：钢铁之都的蝶变　Urban Transformation Through Art

非凡空间尺度成就独一无二之机遇

The extraordinary spatial scale creates a unique opportunity

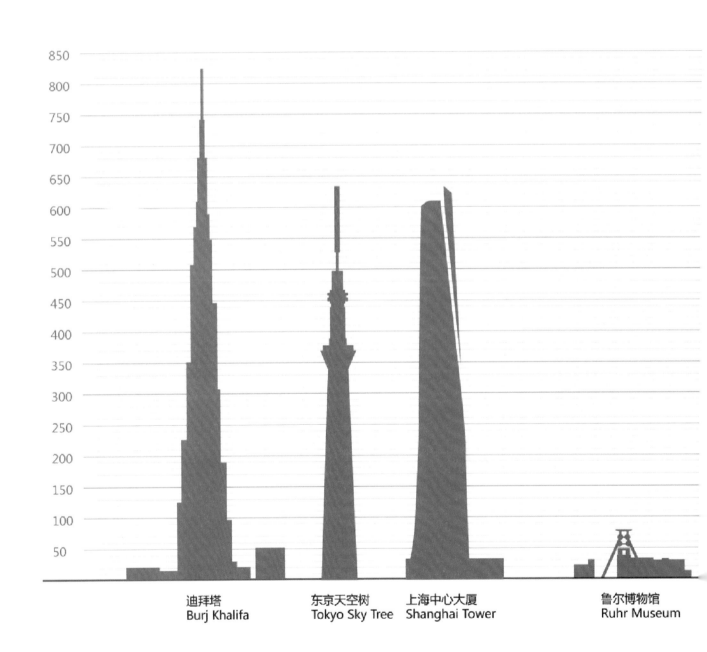

第二部分　规划愿景

宝钢不锈钢厂房
BAO STEEL

艺术：钢铁之都的蝶变　Urban Transformation Through Art

通过公共艺术唤醒工业灵魂
Awaken the Industrial Soul through Public Art

第二部分 规划愿景

无界

想你未想，见
Imagine the unimaginable

之城

见，做你未做
e the unseen · Do the undone

艺术：钢铁之都的蝶变　　Urban Transformation Through Art

创造：是人类文明发展的第一动力

Creativity, the foremost driving force for human civilization

600 万年前
人类在非洲出现

200 万年前
磨制石器
坦桑尼亚，奥杜韦峡谷

公元前 2500 年
赫梯人创造铁制农具
土耳其，安纳托利亚

18 世纪中叶
进入工业文明
Mid−18th Century,
Industrial Age

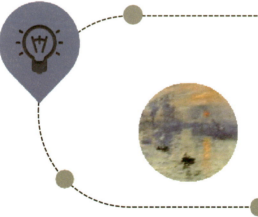

1760 年左右
瓦特改良蒸汽机
英国

19 世纪后期
印象主义画派
欧洲

20 世纪中叶
进入信息文明
Mid−20th Century,
Information Age

第二部分　规划愿景

36000 年前
肖维岩洞壁画
法国，阿尔代什省

公元前 3000 年
进入农业文明
3000 BC,
Agricultural Age

公元前 3000 年
苏美尔人创造城邦
伊拉克，美索不达米亚平原

1969 年
互联网诞生
美国

1977 年
蓬皮杜艺术中心
法国，巴黎

现在至 22 世纪
重归创造文明
Now-22nd Century,
Age of Creativity

创造作为人类未来生存的第一需求

Creativity, the Foremost Human Survival Need in the Future

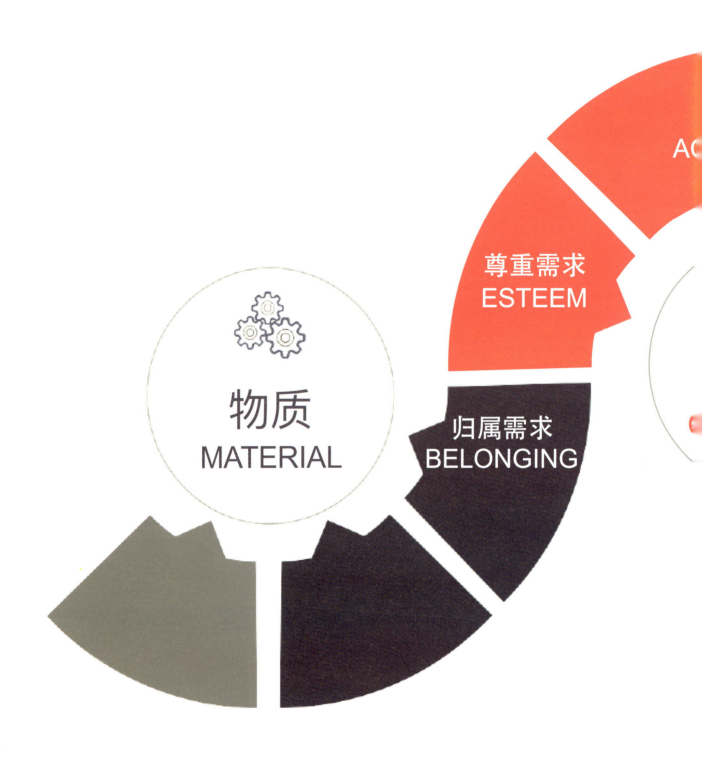

未来，为了"创造"而创造！

In the future, create for "creativity"!

艺术：钢铁之都的蝶变　　Urban Transformation Through Art

未来，为了创造，生活方式由机械分工走向多重角色

From labor division to multiple roles, a conversion of lifestyle for creativity in the futre

机械分工

Labor Division

多重角色

Multiple Roles

无界之城为"创造"提供什么?
What does Infinite City provide for "Creativity"?

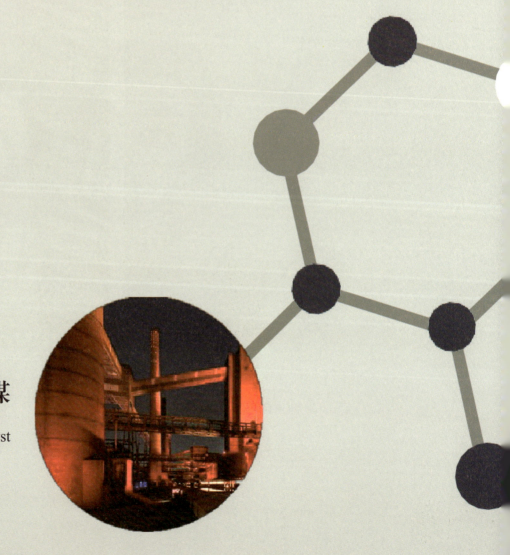

艺术为媒

Art Catalyst

终身教育

Lifelong Education

多重角色

Multiple Roles

"3—90岁"全生命周期的教育方式
"3—90 years old" Lifelong Education

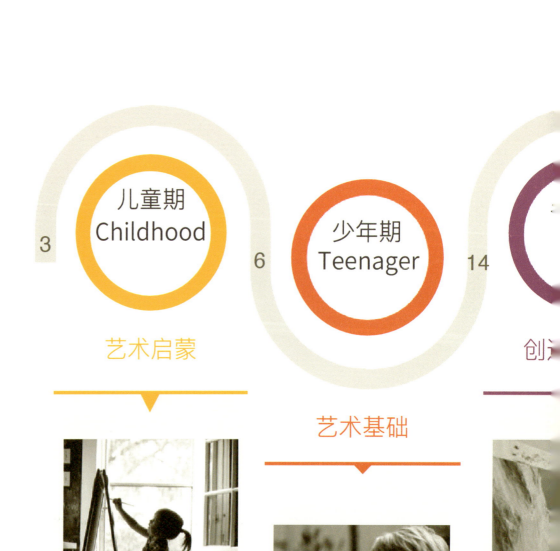

第二部分　规划愿景

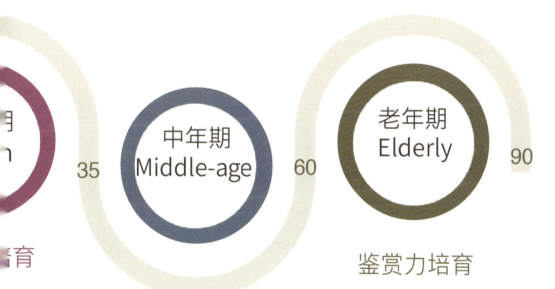

35　中年期 Middle-age　60　老年期 Elderly　90

创造力与鉴赏力培育　　鉴赏力培育

— 221 —

艺术：钢铁之都的蝶变　Urban Transformation Through Art

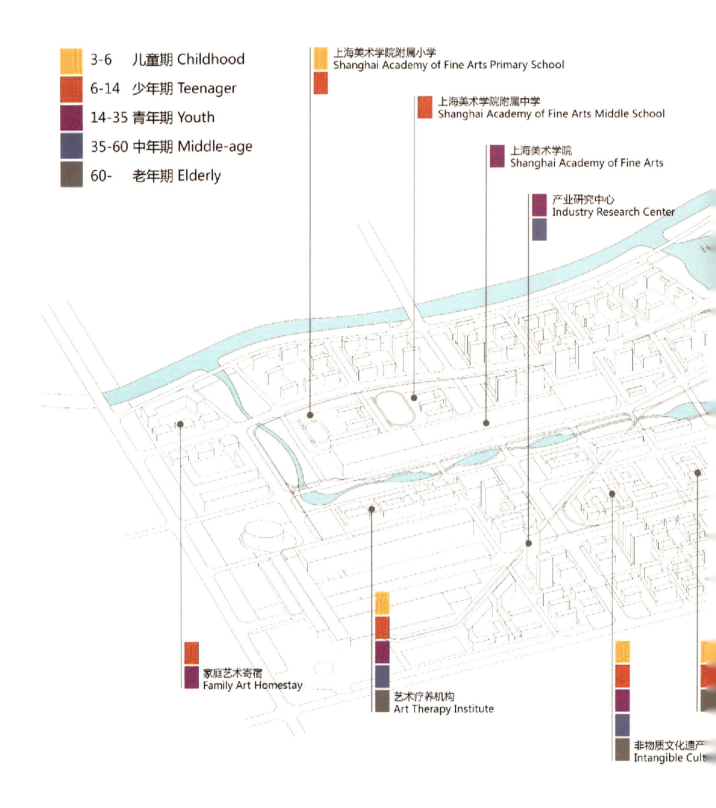

第二部分　规划愿景

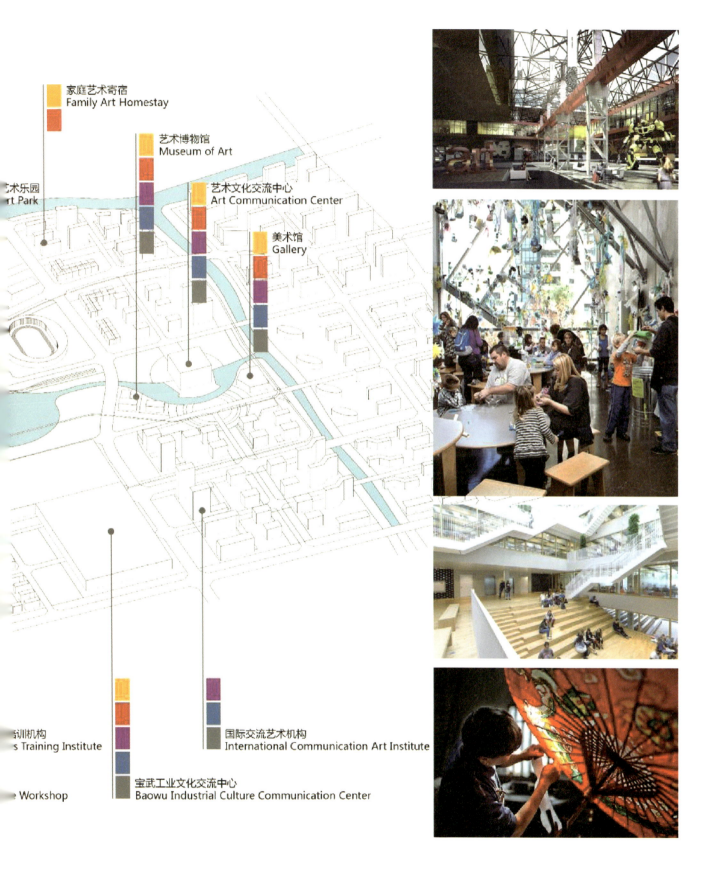

家庭艺术寄宿
Family Art Homestay

艺术博物馆
Museum of Art

艺术文化交流中心
Art Communication Center

艺术乐园
Art Park

美术馆
Gallery

训机构
s Training Institute

Workshop

宝武工业文化交流中心
Baowu Industrial Culture Communication Center

国际交流艺术机构
International Communication Art Institute

— 223 —

"五位一体"多重角色的生活方式
"5 in 1" Multiple Roles Lifestyle

传播者　Communicator

艺术品展会、艺术交流中心、艺术机构总部集聚区、国际艺术家社区。

消费者　Consumer

艺术品交易市场（以物易物）、画廊、艺术银行、艺术品拍卖、艺术品租赁。

学习者　Learner

上海美术学院、全年龄段美术教育、艺术启蒙、艺术基础、创造力培育、鉴赏力培育。

创造者　Creator

公共性创造空间、艺术创造工房、画廊、非遗协同创新中心、开放创作空间。

生产者　Producer

艺术品制作工厂、艺术车间、全球设计和时尚之城、非遗产品生产工作室。

业态之无界　Infinite Format

艺术鉴赏
Art Appreciation
艺术品检测、评估、鉴定。

艺术地产
Art Real Estate
"原住民"社区、国际艺术家社区、艺术公共住宅与公寓、艺术旅馆、艺术民宿。

艺术旅游
Art Tourism
感受创造生活方式、艺术家社区体验旅游、画廊与工作室参观学习、美院参观学习。

第二部分　规划愿景

艺术金融
Art Finance

艺术品存放、质押、融资、理财与保值、
艺术品资产管理、艺术品保险。

 艺术疗养
Art Therapy

艺术医疗中心、心理咨询中心、
艺术治疗实验室。

 艺术交易
Art Trade

画廊、艺术品商店、艺术创意市集、经纪
公司、拍卖机构、博览会。

艺术：钢铁之都的蝶变　Urban Transformation Through Art

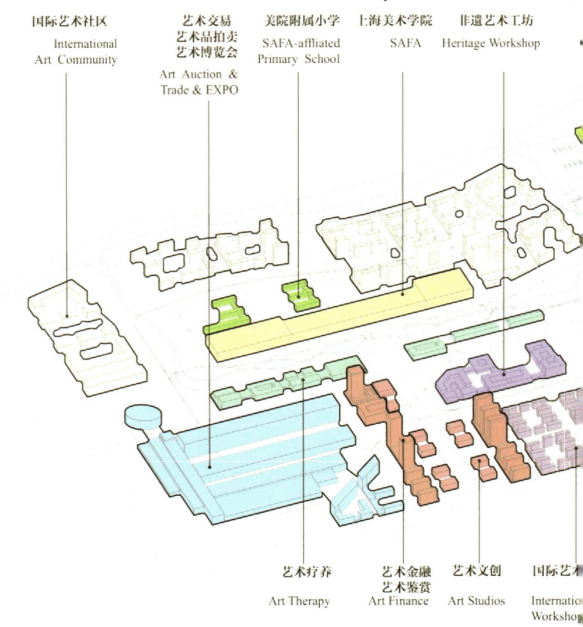

馆、纪念馆、公益性城市公园等
centers, museums, art galleries, parks.

联动的功能
Function & Program

中心　　国际艺术家社区　　美术馆
datium　International Artists'　Gallery
　　　　Community

宝武工业文化交流中心　　艺术文创　　国际艺术总部集聚区　　国际艺术社区
Bao Steel's Culture　　　Art Studios　International Art　　　International
Center　　　　　　　　　　　　　　　Headquarters　　　　　Art Community

网络之无界　Infinite Networks
上海美术学院·国际艺术教育联盟协同体

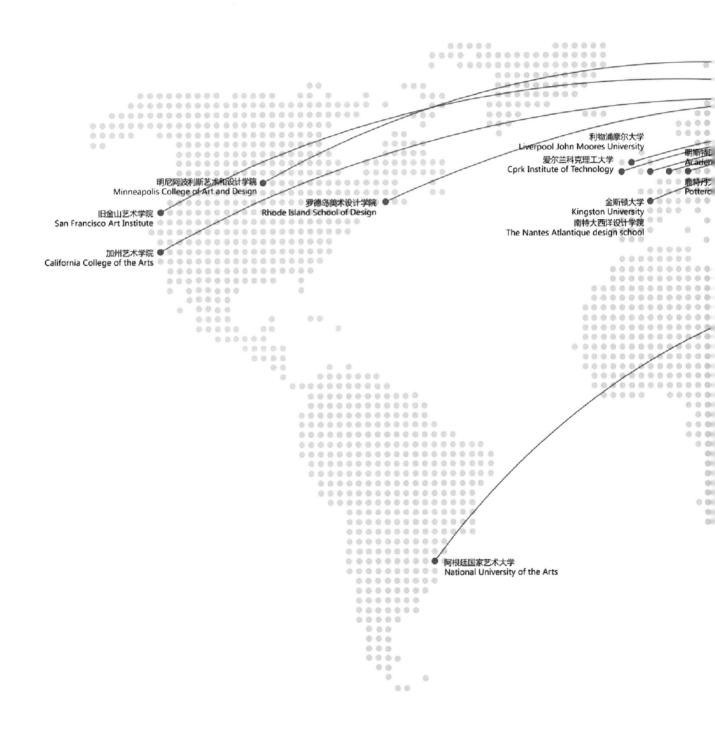

第二部分 规划愿景

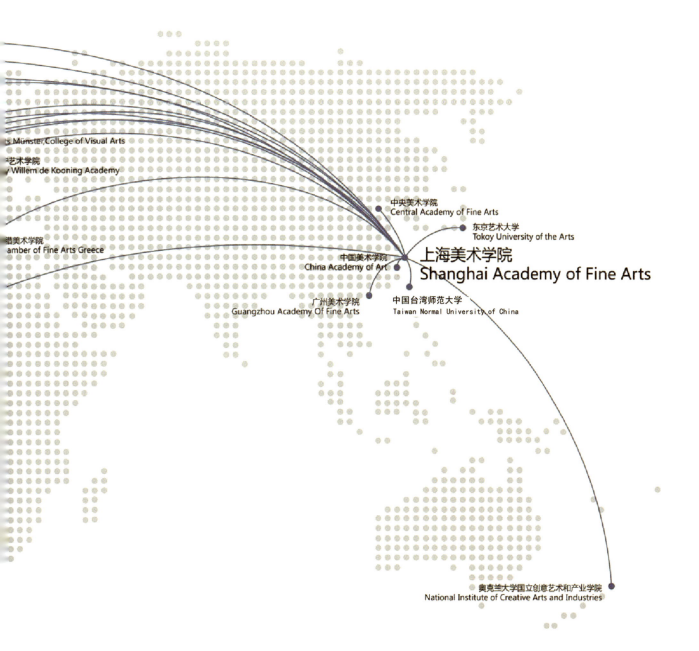

艺术：钢铁之都的蝶变　　Urban Transformation Through Art

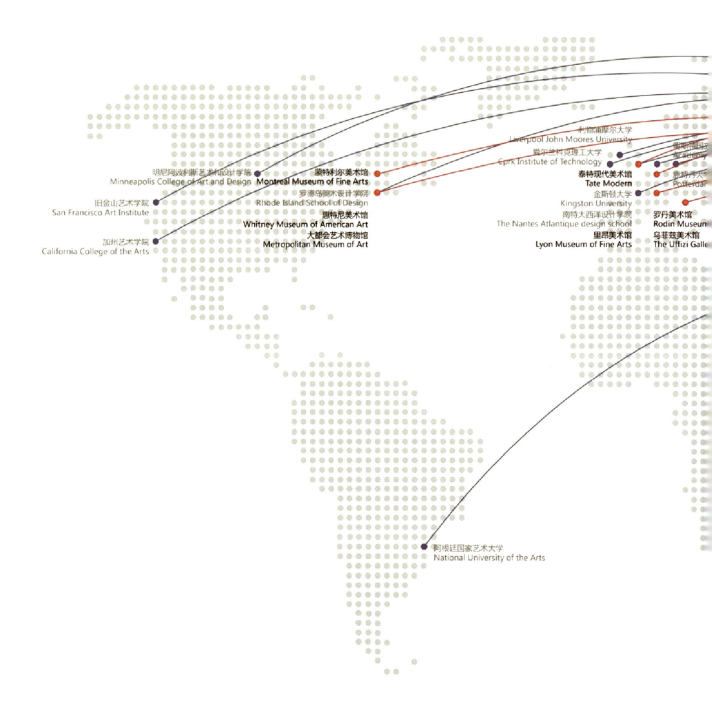

第二部分 规划愿景

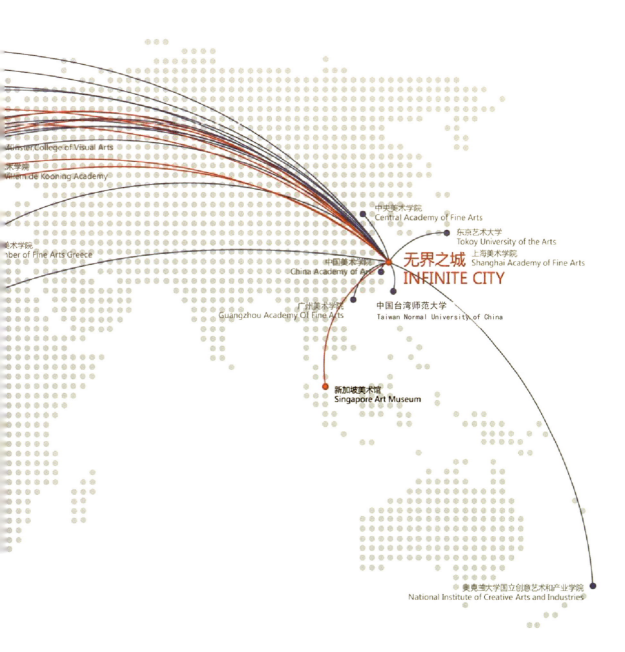

联动之无界　Infinite Communication

原住民：美院师生
The Natives: Teachers and Students of Shanghai Academy of Fine Arts

街区
Block

03

朋友圈：全球艺术家、艺术爱好者、艺术体验者
International Social Networks : Global Artists, Art Amateur, Art Experiencer

第二部分　规划愿景

02

社区
Community

无界之城就是一个大"美院"
The Whole Infinite City is an Infinite
"Academy of Fine Arts"

校区
Campus

01

交通之无界　Infinite Transit

共享交通 /SC&B

建立在高效智能网络基础上的无人驾驶共享汽车及共享单车。

建立在高效智能网络基础上的轨道交通及共享交通

Rail transit and shared transportation based on an efficient intelligent network

第二部分　规划愿景

轨道交通 /BRT

无界之城内最重要的联系动线，串联不同分区。

汽车交通 /CAR

无界之城对接城市整体交通的主要联系方式。

依托滨水空间及轨道线路，构建以人为本、利于微循环的慢行系统

The waterfront open space will be a walkable neatwork conducive to micro-circulation of creative activities

慢行系统
Waterfront Walkable Networks

出行——低碳安全的出行

1. 通达安全的街道系统
2. 连通舒适的步行网络
3. 便捷多层次的公共交通
4. 合理布局的停车设施

构建多类型、多层次的活力节点，满足不同类型、不同空间层次的公共活动需求

Multiple public nodes meet the needs of various activities of the natives and tourists

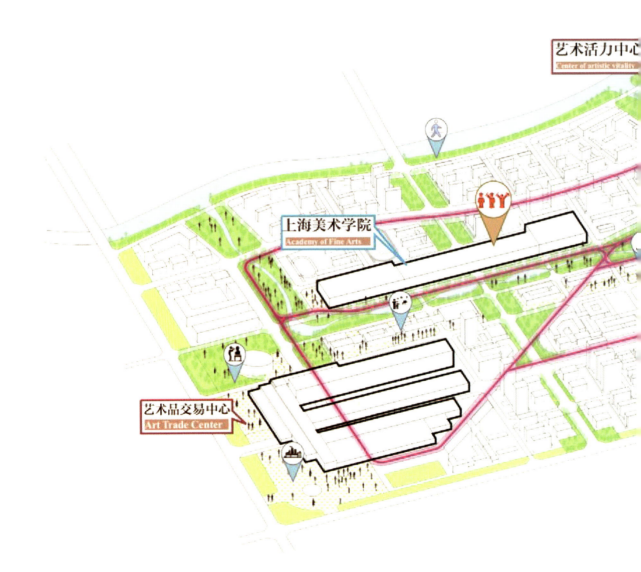

魅力场所
Vibrant Place

休闲——绿色开放、活力宜人的公共空间
1. 多类型多层次的公共空间
2. 高效可达、网络化的公共空间布局
3. 人性化、高品质、富有活力的公共空间
4. 富有人文魅力的公共空间

艺术：钢铁之都的蝶变　Urban Transformation Through Art

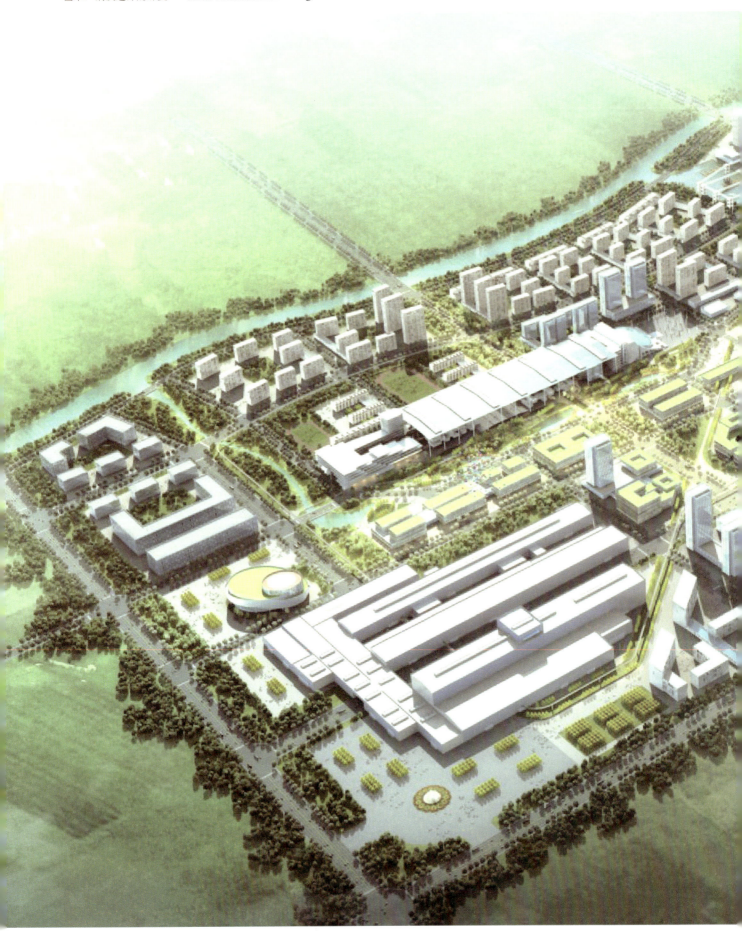

第二部分 规划愿景

艺术：钢铁之都的蝶变　Urban Transformation Through Art

为上海带来一个独一无二的副中心
Provide a Unique Sub-center to Shanghai

艺术：钢铁之都的蝶变　　Urban Transformation Through Art

第二部分 规划愿景

艺术：钢铁之都的蝶变　　Urban Transformation Through Art

终身教育
Lifelong Education

多重角色
Multipie Roles

艺术为媒
Art Catalyst

无界之城　Infinite City

第三部分　方案展示

面向 22 世纪的美术学院

——上海吴淞国际艺术城·上海美术学院宝武院区 国际概念设计竞赛方案展示

竞赛背景和目的

为对接上海 2035 规划中城市副中心的建设、吴淞工业区转型发展的规划需求，宝山区政府、宝武集团、上海大学合作，按照新起点、高质量、高水准、与国际接轨的原则和目标，建设上海美术学院。

立足当下、面向未来、结合工业遗存、产业转型、打造新型城市生活方式是新美院的历史责任。"艺术城有个美术学院，美术学院就是艺术城"，城院融合是上海美术学院的建设理念。

在城市形态上，注重工业遗存、科技发展、艺术教育的融合；在城市业态上，突出消费需求、文化创意、艺术生产力的融合；在城市社会治理上，注重校区、社区、街区融为一体。上海美术学院将建成为与上海城市地位相匹配的新型美术学院。

本次竞赛主题为"面向 22 世纪的上海美术学院"，在全球范围向设计师或设计团队征集上海美术学院建设概念方案，设计师针对主办方提供的规划设计条件进行设计，自由表达对上海美术学院未来发展的创意与构想。同时邀请国内外专家学者和业界精英担任评审，遴选能代表面向未来的美术学院的概念方案。

竞赛反馈情况

自 2017 年 9 月 13 日，上海吴淞国际艺术城·上海美术学院建设概念方案征集书发布以来，共有 22 家国内外设计机构报名参与。截至 2017 年 11 月 20 日方案征集结束，上海吴淞国际艺术城发展研究院共收到来自国内外 16 家设计团队的概念设计方案（包括设计图纸、设计模型、报告册、多媒体文件等）。经过研究院与宝武集团讨论，决定于 2017 年 12 月 10 日在宝武集团不锈钢有限公司举行竞赛评审会。

最终评审

2017 年 12 月 10 日，在上海大学上海美术学院、宝武集团、上海吴淞国际艺术城发展研究院以及国际国内 16 家参赛单位的共同组织和参与下，历时 3 个月的上海吴淞国际艺术城·上海美术学院宝武院区国际概念设计竞赛顺利完成了最终评审。

评审委员会由"上海种子"创始人及艺术总监李龙雨、广州美术学院学术委员会主席赵健、清华大学美术学院副院长苏丹、英国普利茅斯艺术学院院长安德鲁·布华顿、知名建筑及艺术评论家方振宁、德国 GMP 建筑师事务所中国区首席代表吴蔚、哈尔滨工业大学建筑设计研究院副院长付本臣、文明学创始人北野、上海自旋孵化（企业管理咨询有限公司）总经理李俊等 9 位国内外建筑、艺术、设计等领域的知名专家学者组成。赵健教授为此次评审委员会的组长，主持此次现场评审。

现从中选择部分代表性的获奖方案汇总展示，向社会公众展示上海美术学院未来发展愿景。

艺术：钢铁之都的蝶变　　Urban Transformation Through Art

设计方案

国家：英国

公司：FEILDEN CLEGG BRADLEY STUDIOS

艺术：钢铁之都的蝶变　　Urban Transformation Through Art

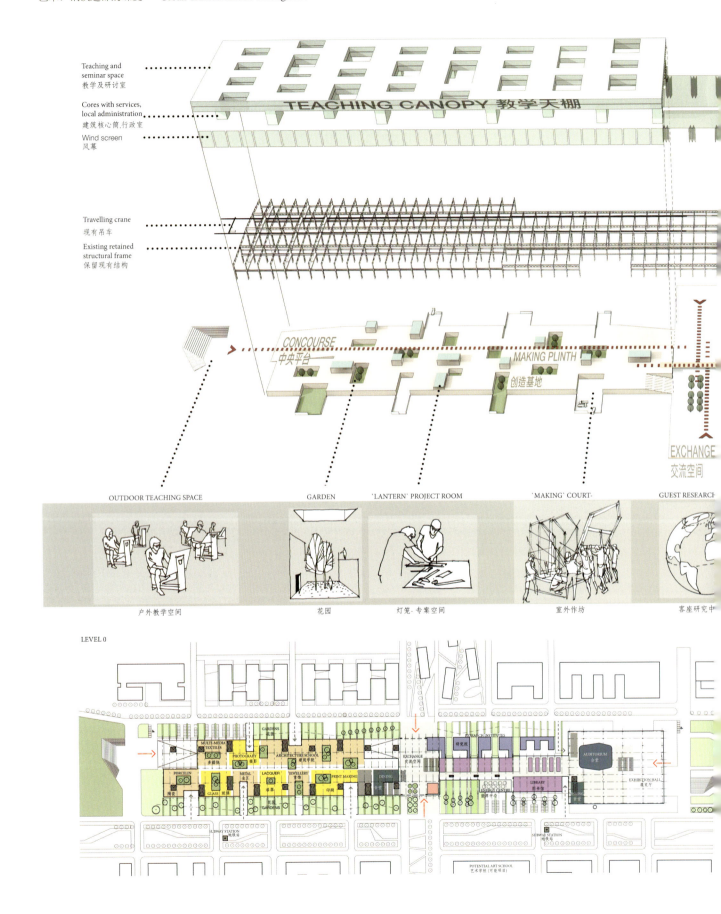

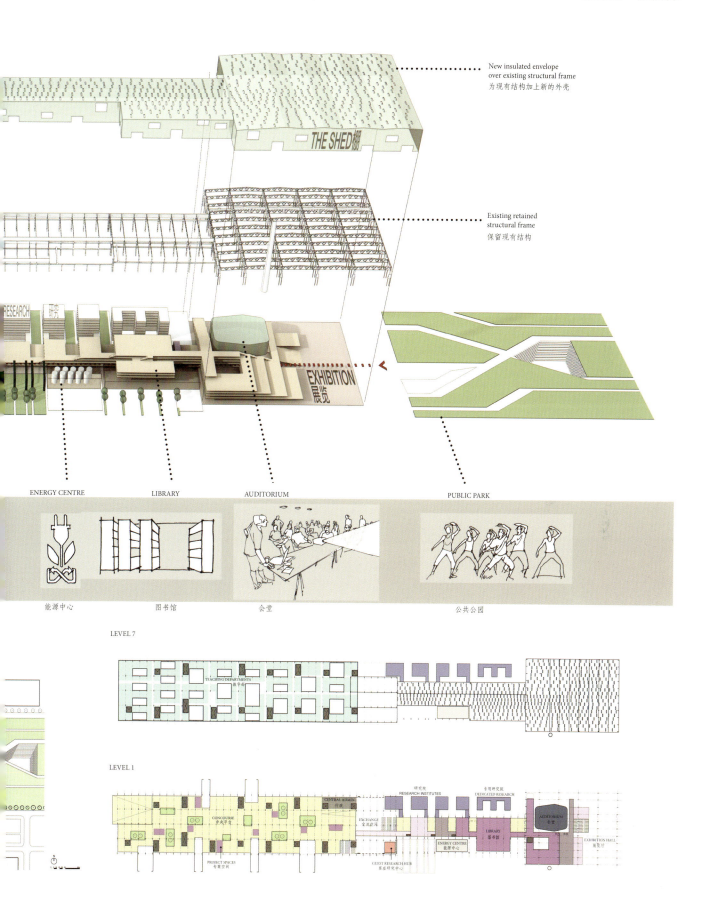

艺术：钢铁之都的蝶变　　Urban Transformation Through Art

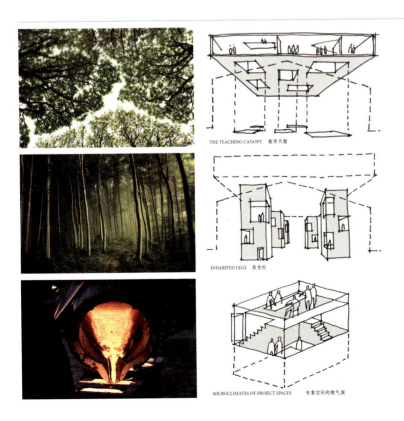

THE TEACHING CANOPY　教学天棚

INHABITED LEGS　房为柱

MICROCLIMATES OF PROJECT SPACES　专案空间的微气候

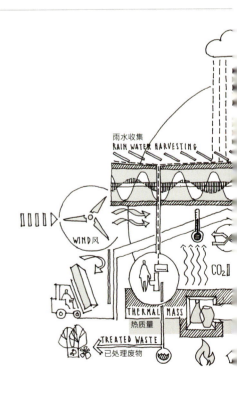

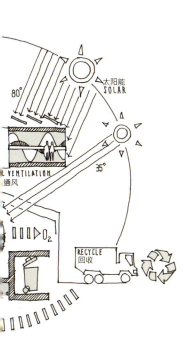

Making Courtyard

艺术：钢铁之都的蝶变　　Urban Transformation Through Art

EXTENDING THE PARK ACROSS THE CAMPUS　公园延伸至校园

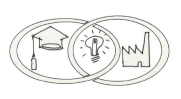
EDUCATIONAL CONTINUUM　教育连续体

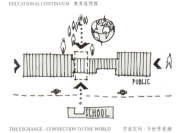
THE EXCHANGE - CONNECTION TO THE WORLD　交流空间：与世界连接

第三部分 方案展示

Exchange Space
交流空间

艺术：钢铁之都的蝶变　　Urban Transformation Through Art

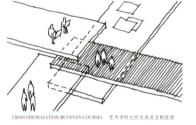
CROSS FERTILIZATION BETWEEN COURSES　艺术学科之间交流及互相促进

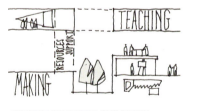
CREATIVE INTEGRATION OF ACTIVITIES　创意整合活动不同活动

RESPECTING EXISTING STRUCTURES　尊重现有结构

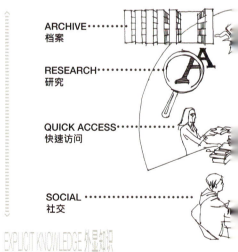

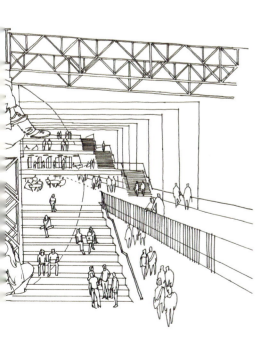

Link to Research Centre
与研究中心连结

艺术：钢铁之都的蝶变   Urban Transformation Through Art

BUILDING AS CAMPUS - CAMPUS AS BUILDING
建筑为校园 - 校园为建筑

FASHION TEXTILES GLASS

EXTENDED CURRICULUM 扩展课程

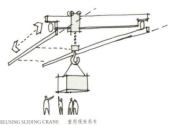

REUSING SLIDING CRANE 重用现有吊车

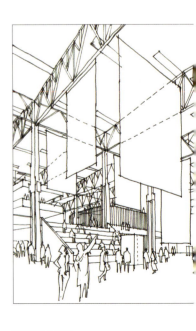

Exhibition Scenario
展览情景

— 266 —

第三部分 方案展示

Scenario
场景

Exhibition Space
展览空间

艺术：钢铁之都的蝶变　Urban Transformation Through Art

设计方案

国家：中国
公司：北京市建筑设计研究院有限公司

艺术：钢铁之都的蝶变　　Urban Transformation Through Art

艺术：钢铁之都的蝶变　　Urban Transformation Through Art

艺术：钢铁之都的蝶变　　Urban Transformation Through Art

艺术：钢铁之都的蝶变　　Urban Transformation Through Art

艺术：钢铁之都的蝶变　　Urban Transformation Through Art

艺术：钢铁之都的蝶变   Urban Transformation Through Art

艺术：钢铁之都的蝶变　　Urban Transformation Through Art

设计方案

国家：中国
公司：上海博邸建筑室内设计有限公司

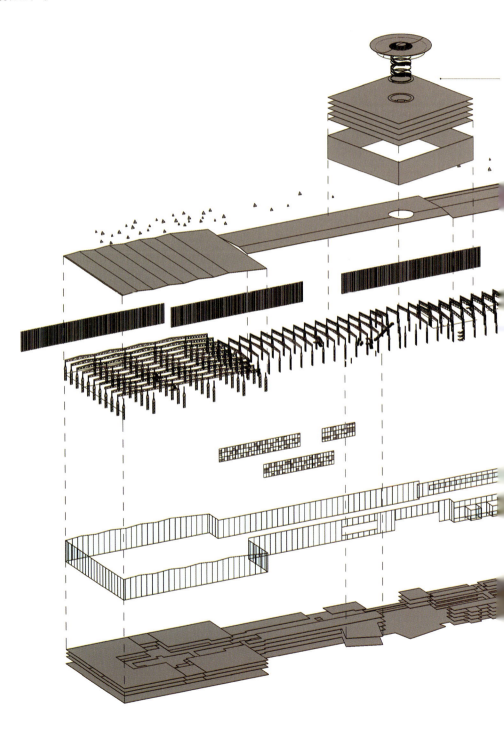

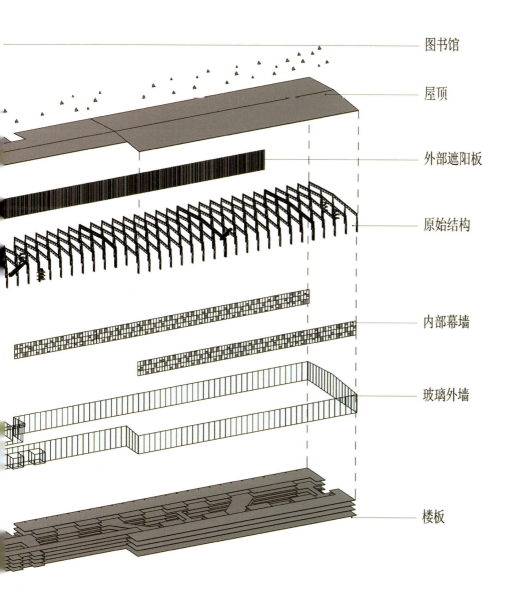

教学楼爆炸图

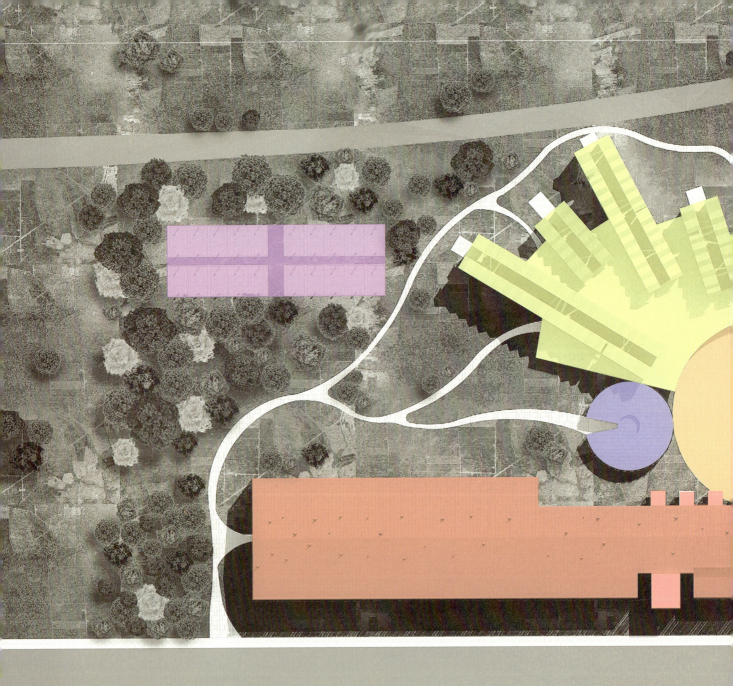

色彩分析图

1. 教学楼
2. 图书馆
3. 学生食堂
4. 学生宿舍
5. 中心广场
6. 体育活动区域

5.1 PLANNING STRUCTURE ANALYSIS

7.工业遗存区域

8.景观水池

9.停车场

10.自行车停车场

11.地下停车场

艺术：钢铁之都的蝶变　　Urban Transformation Through Art

艺术：钢铁之都的蝶变　　Urban Transformation Through Art

艺术：钢铁之都的蝶变　　Urban Transformation Through Art

艺术：钢铁之都的蝶变　　Urban Transformation Through Art

艺术：钢铁之都的蝶变　Urban Transformation Through Art

设计方案

国家：中国

公司：上海天华建筑设计有限公司

艺术：钢铁之都的蝶变　　Urban Transformation Through Art

艺术：钢铁之都的蝶变　　Urban Transformation Through Art

艺术：钢铁之都的蝶变　　Urban Transformation Through Art

第三部分 方案展示

艺术：钢铁之都的蝶变　　Urban Transformation Through Art

第三部分　方案展示

艺术：钢铁之都的蝶变　　Urban Transformation Through Art

艺术：钢铁之都的蝶变　Urban Transformation Through Art

设计方案

国家：中国

公司：上海梦启建筑装饰工程有限公司

建筑立面图

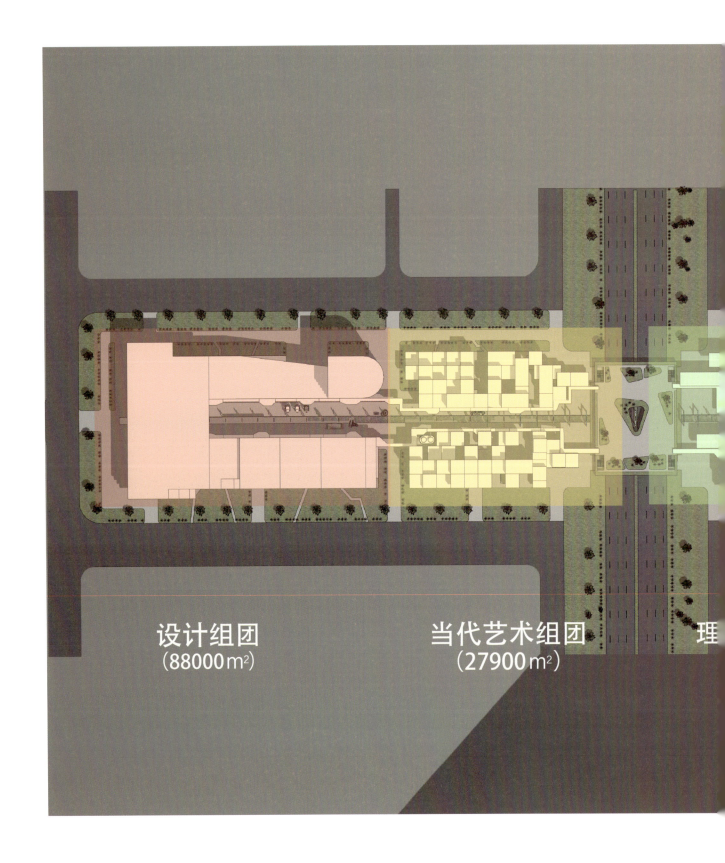

第三部分　方案展示

建筑功能分区

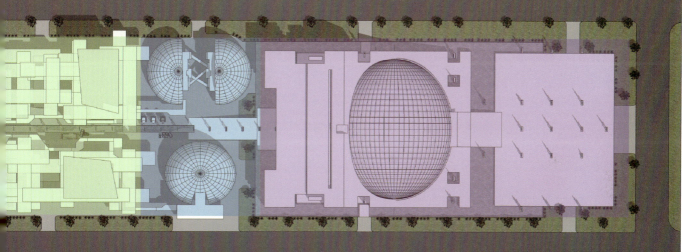

研究组团　　数码与新媒体组团　　图文信息中心
(60 m²)　　　(25800 m²)　　　　 (40500 m²)

总建筑面：207204 m²

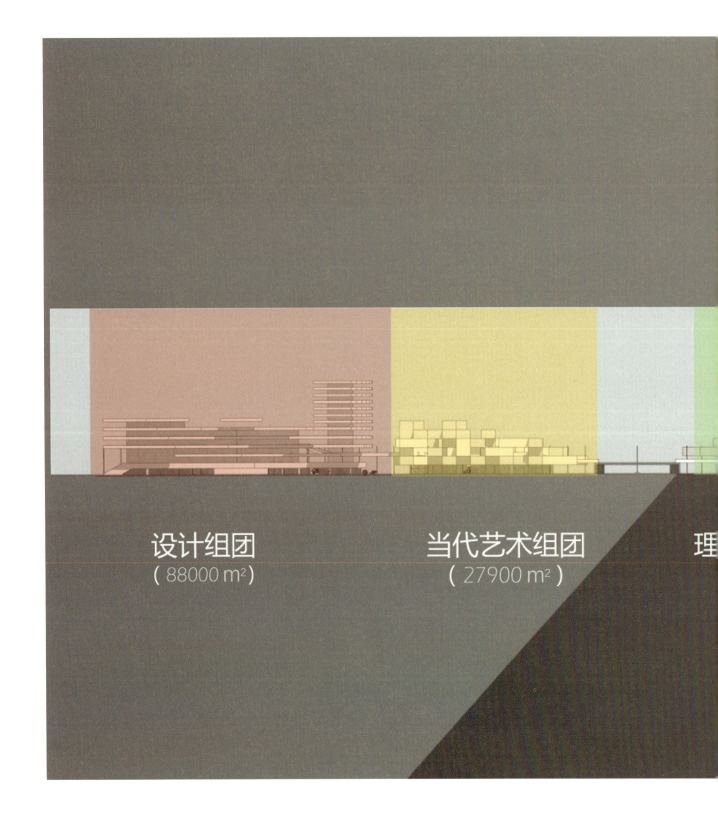

建筑功能分区

究组团　　数码与新媒体组团　　图文信息中心
50 m²)　　　(25800 m²)　　　　(40500 m²)

艺术：钢铁之都的蝶变　　Urban Transformation Through Art

美术馆建筑方案

外观：本美术馆在整个小区东边，面朝东方，巨大的玻璃穹顶如同冉冉升起的太阳，美术馆前方是一片布满老厂房保存下来的柱体的遗存广场，作为进入美术馆前的历史背景，建筑本体采用工业化的设计语言，钢筋混凝土的建筑厚重饱满，有极强的力量感，玻璃材质轻盈现代，同时，整个建筑坐落在一片轻盈平静的水面，建筑和倒影融为一体，宁静清纯，散发着极强的艺术气息，保留工业时期的遗存。

艺术：钢铁之都的蝶变　　Urban Transformation Through Art

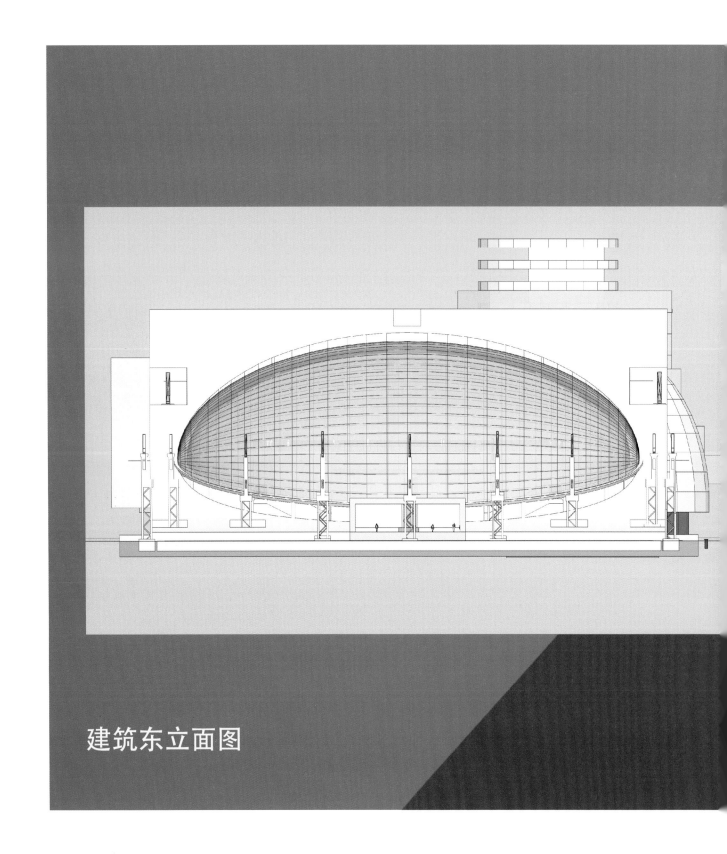

建筑东立面图

第三部分 方案展示

建筑立面图

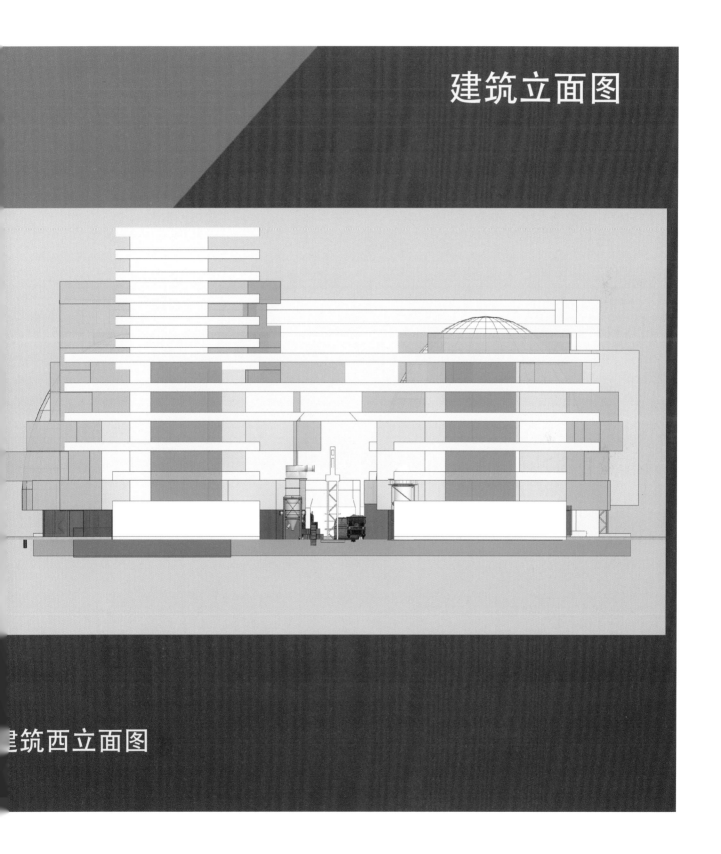

建筑西立面图

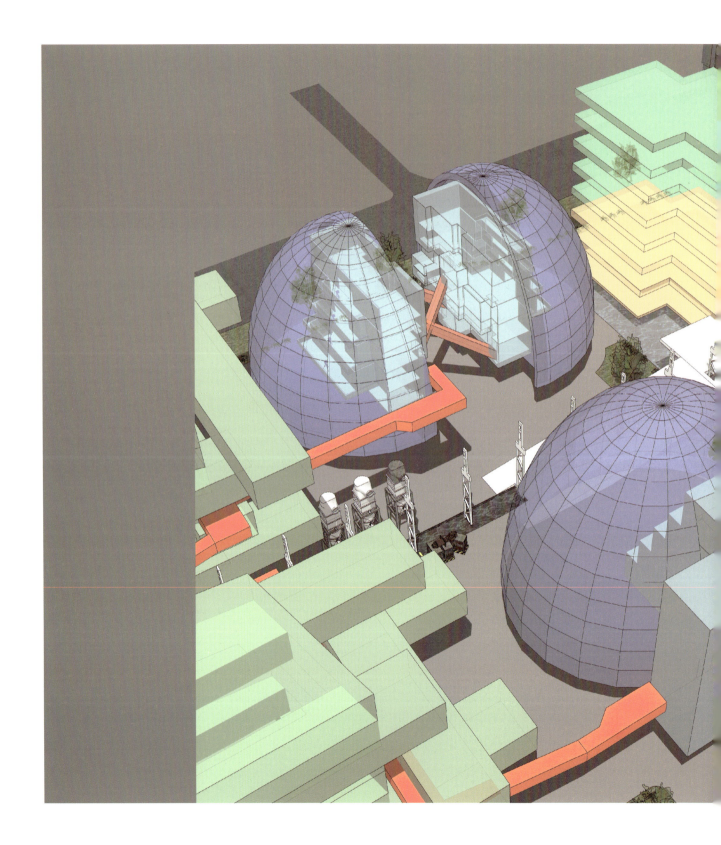

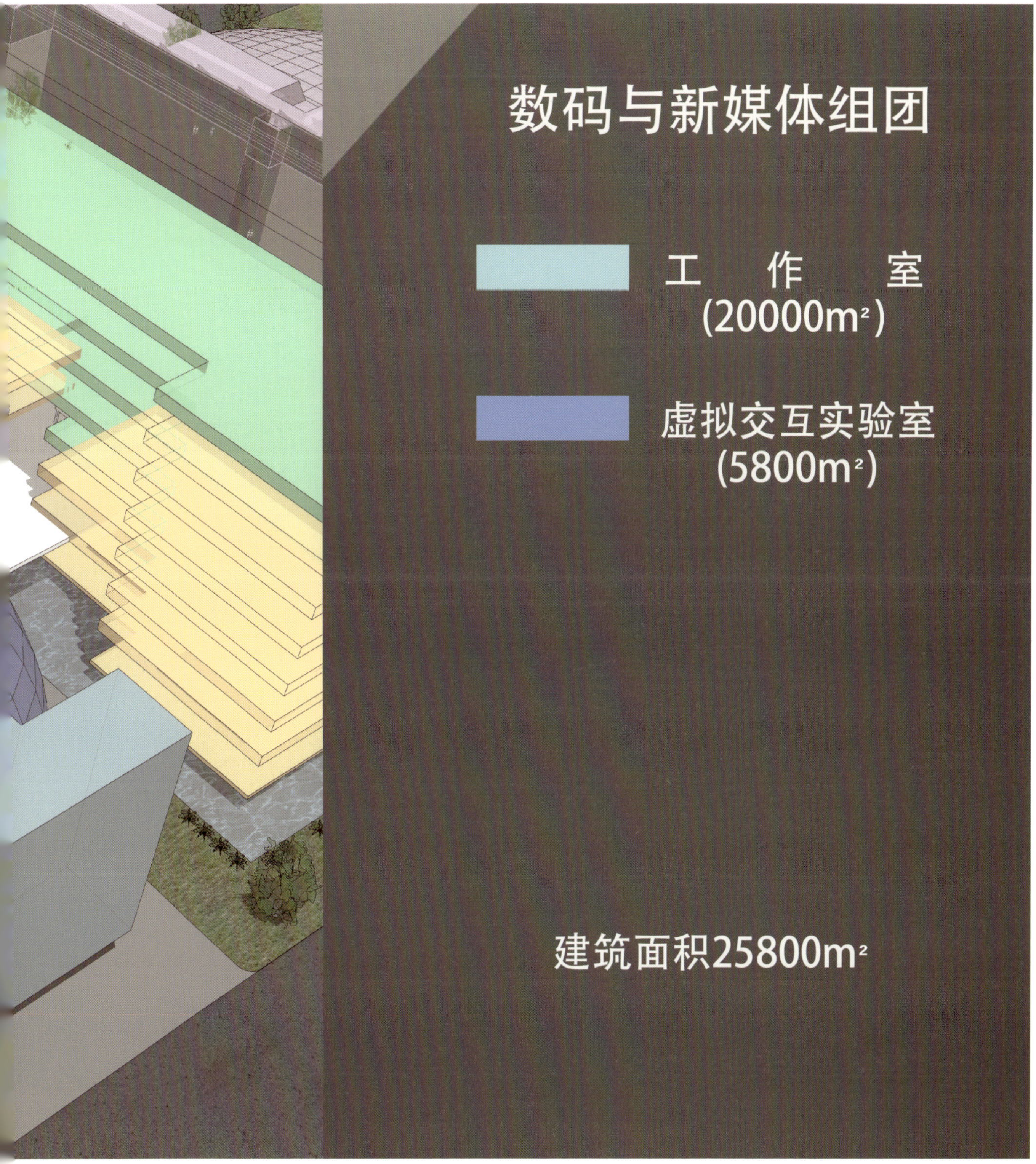

数码与新媒体组团

■ 工 作 室 (20000m²)

■ 虚拟交互实验室 (5800m²)

建筑面积25800m²

艺术：钢铁之都的蝶变　Urban Transformation Through Art

设计方案

国家：中国

公司：上海一砼建筑规划设计有限公司

艺术：钢铁之都的蝶变　Urban Transformation Through Art

艺术：钢铁之都的蝶变　　Urban Transformation Through Art

艺术：钢铁之都的蝶变　　Urban Transformation Through Art

艺术：钢铁之都的蝶变　　Urban Transformation Through Art

MASTER PLAN
总平面图

第三部分 方案展示

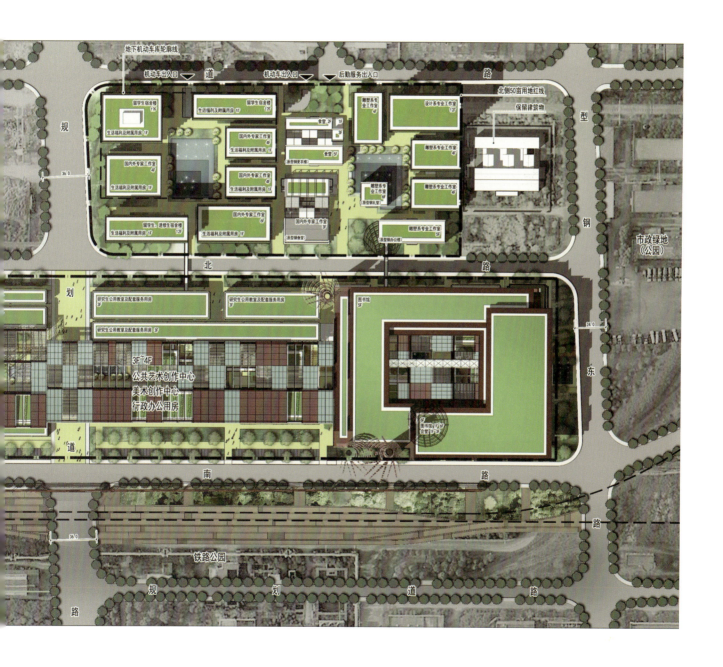

上海吴淞国际艺术城　大事记

上海吴淞国际艺术城发展研究院　SIAC

2016 年 10 月 16 日
  由上海大学美术学院发起，宝武集团支持，全国十大美术学院参与了"不锈宝钢"主题创作工坊，旨在针对后工业遗迹的保护、留存、记忆方式进行艺术探究。

2016 年 12 月 11 日
  上海美术学院揭牌成立，翁铁慧副市长，宝武集团、宝山区、上海大学三方共同签署了《共建上海美术学院战略合作框架协议》。同期，上海美术学院联合全国各大美术学院举办"不锈宝钢 —— 全国艺术院校主题创作展"。

2017 年 7 月 6 日
  "文教结合共建上海美术学院签约暨上海吴淞国际艺术城发展研究院揭牌仪式"在上海大学举行。

2017 年 8 月 18 日
  上海吴淞国际艺术城课题研究专家评审会在上海大学乐乎新楼召开。

2017 年 8 月 31 日
  上海吴淞国际艺术城上海美术学院建设概念方案征集书面向全球发布。

2017 年 9 月 22 日
  上海吴淞国际艺术城上海美术学院建设概念方案竞赛入围团队公布，来自国内外的 22 个设计团队共同角逐此次大赛。

2017 年 9 月 26 日
  上海大学上海美术学院南院启用，宝山区副区长陈筱洁与上海大学党委副书记、副校长徐旭共同为上海吴淞国际艺术城发展研究院挂牌。

2017 年 9 月 28 日
  研究院于宝钢不锈钢有限公司举办上海美术学院建设概念方案竞赛答疑会。

2017 年 10 月 18 日

上海美术学院李龙雨教授在宝钢不锈钢办公大楼裙楼报告厅举办了"宝艺术节"专题讲座。

2017 年 11 月 17 日

上海大学上海美术学院公共艺术国际学术合作系列活动拉开帷幕，作为系列活动的重要组成部分，上海吴淞国际艺术城"宝钢工业遗存更新与转型"驻地创作正式开展，上海大学上海美术学院师生、国内外艺术家、宝钢不锈钢公司工人共同参与创作。

2017 年 12 月 9 日

"面向 22 世纪的美术学院"—— 上海吴淞国际艺术城·上海美术学院宝武院区国际概念设计竞赛方案展于上海美术学院南院开幕。展览开幕当日，来自国内外的概念设计竞赛专家评审率先参观了此次展览。

2017 年 12 月 10 日

上海吴淞国际艺术城·上海美术学院宝武院区国际概念设计竞赛评审会于宝钢不锈钢有限公司裙楼报告厅举行，入选的 16 家设计单位代表与国内外的专家评审在会上对上海吴淞国际艺术城未来的建设方案发表了见解。

2017 年 12 月 12 日

上海吴淞国际艺术城·上海美术学院宝武院区国际概念设计竞赛获奖名单公布。

2017 年 12 月 17 日

上海美术学院宝武院区概念设计深化推进会于上海美术学院南院举行，上海美术学院执行院长汪大伟主持了会议，与概念设计获奖团队深入交流了上海吴淞国际艺术城未来的发展诉求，并呼吁各方释放想象力，共同构想创造属于未来的上海吴淞国际艺术城。

2018 年 1 月 30 日

上海吴淞国际艺术城发展研究课题结题评审会在上海美术学院召开，与会人员分别对上海吴淞国际艺术城的空间形态、艺术教育、产业业态、智慧城市、社会治理五个方面进行了研讨。

2018 年 5 月 11 日

上海吴淞国际艺术城论坛 ——"艺术：钢铁之都的蝶变"于上海智慧湾国际会议中心召开。

图书在版编目（CIP）数据

艺术：钢铁之都的蝶变：上海吴淞国际艺术城·工业遗存转型、更新与发展国际论坛文集 / 陈志刚主编． —上海：上海大学出版社，2019.9
　ISBN 978-7-5671-3699-1

　Ⅰ.①艺… Ⅱ.①陈… Ⅲ.①工业建筑—文化遗产—上海—文集 Ⅳ.①TU27-53

中国版本图书馆CIP数据核字（2019）第202525号

责任编辑　柯国富
助理编辑　祝艺菲
美术编辑　谷　夫
技术编辑　金　鑫　钱宇坤

书　　名	艺术：钢铁之都的蝶变——上海吴淞国际艺术城·工业遗存转型、更新与发展国际论坛文集
主　　编	陈志刚
出版发行	上海大学出版社
社　　址	上海市上大路99号
邮政编码	200444
网　　址	www.shupress.cn
发行热线	021-66135112
出 版 人	戴骏豪
印　　刷	上海新艺印刷有限公司
经　　销	各地新华书店
开　　本	889mm×1194mm　1/16
印　　张	21.5
字　　数	430千字
版　　次	2019年10月第1版
印　　次	2019年10月第1次
书　　号	ISBN 978-7-5671-3699-1/TU·016
定　　价	260.00元